家装监理疑难问题300例

兆 友 主编

中国建筑工业出版社

图书在版编目（CIP）数据

家装监理疑难问题300例/兆友主编．—北京：中国建筑工业出版社，2011.7
ISBN 978-7-112-13303-1

Ⅰ.①家… Ⅱ.①兆… Ⅲ.①住宅-室内装修-工程施工-监管制度-问题解答 Ⅳ.①TU767-44

中国版本图书馆CIP数据核字（2011）第115056号

本书汇集了家装监理过程中最常见的300个疑难问题，并一一给出了有针对性的解答。这300个疑难问题是装修过来人根据自己的经验和教训精心总结而成的，包含一般业主装修时最关心以及最容易忽视的问题。内容上涵盖了从预算到选材，从施工到验收的家装监理全过程，揭露了目前装修过程中常见的欺诈陷阱，还包括一些环保的专业指导。本书在确保专业性的同时，兼顾解答的通俗性，即便您是装修新手，或者不具备专业的监理知识，您也可以在本书的指导下完成一次漂亮的装修。

责任编辑：陈小力　李东禧
责任设计：叶延春
责任校对：陈晶晶　关　健

家装监理疑难问题300例
兆　友　主编

*

中国建筑工业出版社出版、发行（北京西郊百万庄）
各地新华书店、建筑书店经销
北京嘉泰利德公司制版
北京建筑工业印刷厂印刷

*

开本：787×960毫米　1/16　印张：11　字数：250千字
2011年8月第一版　2011年8月第一次印刷
定价：**32.00元**
ISBN 978-7-112-13303-1
(20747)

版权所有　翻印必究
如有印装质量问题，可寄本社退换
（邮政编码　100037）

本书编委会

主编 兆友

编委（按姓氏笔画排序）

王玉琴　任利云　刘小珍　朱建红

张　建　李小平　陈　珺　金如蛾

姚长和　姚　欣　姚　跃　贺玉婷

郝振香　谢雪平

前　言

　　装修本来应该是一件很快乐的事情，历尽千辛万苦为自己买好了中意的房子，经过装修这一步就可以住进去享受家的温馨了。但是装修偏偏就像黎明前的黑暗一样，似乎特别难熬，总是会留下或多或少的遗憾，看着大把大把的银子付诸东流，装修效果却远不是自己想要的，相信谁都会大伤脑筋。究其原因，无非就是一句话：您不是专业人士，没能监理好自家的装修工程。

　　看着图纸上的漂亮新居一步步变成现实，参与其中的每一个人都会享受到成就感，然而，其中艰辛的过程，只有经历过的人才能明白。因为大多数装修业主并不了解装修行业，也并不知道该如何去监理自己家的装修，所以关于家庭装修的投诉和纠纷层出不穷。据有关部门统计，家庭装修中最容易出现纠纷的环节分别为：预算报价、补充协议、施工过程、自购产品。近期，关于延长工期的纠纷又成为新的纠纷热点。可以说，装修的每一步都需要小心谨慎，一个合格的监理应该全程监督和把握装修的全过程。

　　本书总结了家装监理中发生的300个问题，由装修业内人士给出详细实用的解答。这300个问题中包含很多装修过来人当时的疑惑，相信对正在装修的您会有重要的指导意义。让您家的装修更顺畅、更省钱、更环保，杜绝"豆腐渣"工程，杜绝装修欺诈，减少装修遗憾，这是我们共同的心愿。

目 录

一、如何选择监理和装修公司

- Q001：什么是住宅装饰监理公司？它有哪些作用？ ………… 1
- Q002：出色的监理人员应该具备哪些条件？ ………………… 1
- Q003：请监理的好处有哪些？ ………………………………… 1
- Q004：怎么理解请监理省钱？ ………………………………… 1
- Q005：合格的监理员有哪些职责和作用？ …………………… 2
- Q006：监理家庭装修有哪些技巧？ …………………………… 2
- Q007：不请监理可能会出现哪些问题？ ……………………… 3
- Q008：是请监理公司好，还是自己监理好？ ………………… 3
- Q009：装修公司内部的监理和监理公司有什么区别？ ……… 3
- Q010：请了监理后，业主还需要做什么？ …………………… 4
- Q011：监理公司可否受理业主的装修环保监测业务？ ……… 4
- Q012：业主可以委托监理选购材料吗？ ……………………… 4
- Q013：监理公司收"省钱提成"是合理的吗？ ……………… 5
- Q014：监理报告书是否具有法律效力？ ……………………… 5
- Q015：工程质量不合格，监理公司承担什么责任？ ………… 5
- Q016：怎样审查装修公司的资质？ …………………………… 6
- Q017：怎样审查施工工人的资质？ …………………………… 6
- Q018：资质越高的装修公司越好吗？ ………………………… 6
- Q019：可以根据报价来选择装修公司吗？ …………………… 7
- Q020：可以根据样板间来选择装修公司吗？ ………………… 7

二、装修预算

- Q021：装修花多少钱是正常的？ ……………………………… 8
- Q022：装修预算主要由哪几部分组成？ ……………………… 8
- Q023：项目预算书包括哪些内容？ …………………………… 8
- Q024：哪些情况需要特别预算？ ……………………………… 14
- Q025：施工计划是必需的吗？ ………………………………… 14

Q026：装修现场交底需要明确哪些内容? ……………………………………14
Q027：施工工艺书有哪些作用? ………………………………………………15
Q028：装修中何时付款比较合适? ……………………………………………15
Q029：装修过程中临时增减项目怎么办? ……………………………………15
Q030：装修合同需要特别留意哪些方面? ……………………………………16
Q031：装修前想换装修公司，订金就不能退吗? ……………………………17
Q032：环保要求是否应该写进合同? …………………………………………17
Q033：怎样检测装修公司是否虚报工程量? …………………………………17
Q034：怎样防止装修公司漏报工程项目? ……………………………………18
Q035：怎样防止装修公司高报损耗或重复计算损耗? ………………………18
Q036：项目预算书中要注意哪些不合理收费? ………………………………19

三、选材常识

Q037：合同中关于材料的部分应该注意哪些方面? …………………………20
Q038：哪些房屋改造行为是必须经过批准的? ………………………………20
Q039：如何识别承重墙? ………………………………………………………21
Q040：装修中比较常见的不安全因素有哪些? ………………………………21
Q041：装修中哪些行为是被明令禁止的? ……………………………………22
Q042：装修材料的选择有哪些规定? …………………………………………23
Q043：家庭装修材料的燃烧性能应达到什么等级标准? ……………………24

四、地板

Q044："新E0级"地板真的完全不含甲醛吗? ………………………………25
Q045：绿色基材的地板就是环保地板吗? ……………………………………25
Q046：适合儿童房的地面饰材有哪些? ………………………………………26
Q047：买进口地板需要注意哪些问题? ………………………………………26
Q048：安装带锁扣的地板为什么还需要用到胶水? …………………………26
Q049：如何挑选优质的实木地板? ……………………………………………27
Q050：实木地板不容易保养吗? ………………………………………………27
Q051：实木地板如何上漆? ……………………………………………………28
Q052：实木地板的色差问题怎么解决? ………………………………………28
Q053：实木地板如何避免虫蛀? ………………………………………………28
Q054：三层实木地板和普通实木地板相比有哪些优点? ……………………28
Q055：三层实木地板容易受潮变形吗? ………………………………………29
Q056：怎样挑选三层实木地板? ………………………………………………29

Q057：软木地板容易滋生细菌吗? ……………………………………30
Q058：软木地板是不是不够坚实?容易受潮变形吗? …………30
Q059：竹地板的使用寿命是不是不够长? ……………………………31
Q060：竹地板和实木地板相比,有没有它的优势? ………………31
Q061：北方地区是不是不适合用竹地板? …………………………31
Q062：竹地板如何保养? ………………………………………………32
Q063：怎样检测强化复合地板的耐磨性? …………………………32
Q064：强化复合地板真的可以防水吗? ……………………………32
Q065：对强化复合地板的甲醛释放量有什么规定? ………………33
Q066：强化复合地板如何保养? ………………………………………33
Q067：地热地板有哪些特殊要求? …………………………………33
Q068：地热采暖的房间可以选用强化复合地板吗? ………………34
Q069："杀菌地板"真能杀菌吗? …………………………………34
Q070：混纺地毯和化纤地毯有哪些区别? …………………………34
Q071：如何用简单的方法辨别地毯的材质? ………………………35
Q072：如何清洗地毯? …………………………………………………35
Q073：如何防止地毯病的发生? ………………………………………36
Q074：塑胶地板环保吗? ………………………………………………36

五、石材

Q075：人造石材有哪些特点?如何挑选? …………………………37
Q076：厨房的橱柜台面适合选用什么样的材料? …………………38
Q077：人造石窗台容易褪色脱落吗? …………………………………38
Q078：怎样挑选放射性小的天然石材? ………………………………38
Q079：天然石材中的放射性物质主要是什么? ……………………39
Q080：天然石材可以直接用水冲洗清洁吗? ………………………39
Q081：养护石材有哪些注意事项? ……………………………………39

六、瓷砖

Q082：选瓷砖时怎样防止尺寸出现差错? …………………………41
Q083：选择瓷砖都要考虑哪些特性? ………………………………41
Q084：怎样检验瓷砖的内在质量? ……………………………………42
Q085：玻化砖铺贴及使用注意事项有哪些? ………………………42
Q086：不同的功能区应该怎样挑选适合的瓷砖? …………………43
Q087：如何选择贴墙砖用的胶粘剂? …………………………………43

Q088：厨房可以选用地面有凹凸的砖吗？……43
Q089：卫生间为什么最好不要使用大规格墙地砖？……44
Q090：适用于卫生间的小地砖都有哪几种？……44
Q091：怎么清洗浅色瓷砖？……44
Q092：浴室和厨房的瓷砖怎样清洗？……45

七、壁纸

Q093：如何鉴别优质壁纸和劣质壁纸？……46
Q094：怎样鉴别壁纸的材质是天然的还是合成的？……46
Q095：如何测算家装需要多少壁纸？花费大概多少？……46
Q096：壁纸有哪些优点？环保吗？……47
Q097：铺贴壁纸时应注意什么？……47
Q098：更换壁纸应该怎么操作？……47
Q099：如何保养壁纸？……48
Q100：怎样判断水泥的好坏？……48

八、涂料和油漆

Q101：防水涂料常用的有哪些种类？……50
Q102：防火涂料真的防火吗？……50
Q103：防腐涂料一般适合用在哪些地方？……51
Q104："净味涂料"就是好涂料吗？……51
Q105：如何挑选乳胶漆？……51
Q106：如何计算乳胶漆的用量？……52
Q107：如何保存乳胶漆？……52
Q108：油漆中的有害物质主要是什么？……53
Q109：油漆中的有机溶剂会通过哪些途径危害人体健康？……53
Q110：如何挑选油漆？……54

九、门窗

Q111：目前市面上的成品木门有哪几种？各有什么特点？……55
Q112：纯实木门才是最好的吗？……55
Q113：挑选木门应注意哪些细节？……56
Q114：木门刷什么样的油漆比较好？……56
Q115：防盗门的锁点越多越防盗吗？……57

Q116：怎样用简单的方法检测防盗门的质量优劣? ……………… 57
Q117：市面上的窗户有哪些种类？各有哪些优缺点? ……………… 58
Q118：塑钢门窗分为哪些种类？如何选择? ……………… 58
Q119：如何检查铝合金窗的质量是否达标? ……………… 59
Q120：如何挑选合格的隔声窗户? ……………… 60

十、吊顶

Q121：厨房适合选择什么样的吊顶? ……………… 61
Q122：卫生间可以用防水石膏板做吊顶吗? ……………… 61
Q123：铝扣板、PVC板、纸面石膏板各有哪些挑选技巧? ……………… 62
Q124：在吊顶上安装灯具应注意什么? ……………… 63
Q125：怎样挑选吊顶龙骨? ……………… 63

十一、板材

Q126：什么是胶合板？如何挑选? ……………… 64
Q127：刨花板有哪些特点？价格如何? ……………… 64
Q128：大芯板有哪些特点？如何挑选? ……………… 65
Q129：能用大芯板做书柜吗? ……………… 66
Q130：密度板有哪些特点? ……………… 66
Q131：如何挑选密度板家具？如何保养? ……………… 67
Q132：卫生间适合用密度板做浴室柜吗? ……………… 67
Q133：家庭装修中哪些地方需要用到防火板? ……………… 67
Q134：什么是欧松板？国产欧松板和进口欧松板的价格相差多少? ……………… 68
Q135：欧松板和澳松板有什么区别? ……………… 69
Q136：怎样辨别环保板材? ……………… 69
Q137：怎样检测板材的含水率? ……………… 70

十二、卫浴洁具

Q138：如何检测瓷质卫浴洁具的质量优劣? ……………… 71
Q139："高温无菌"的卫浴洁具就是最好的吗? ……………… 71
Q140：面盆是钢化玻璃的好还是陶瓷的好? ……………… 72
Q141：平时使用中如何保养面盆? ……………… 72
Q142：市面上常见的浴缸有哪几种? ……………… 72
Q143：如何选购浴缸? ……………… 73
Q144：冲落式马桶和虹吸式马桶各有哪些特点? ……………… 74

Q145：马桶冲水的时候溢水是什么原因？ ………………………… 74
Q146：挑选坐便器有哪些技巧？ ………………………………… 74
Q147：如何选购淋浴房？ ………………………………………… 75
Q148：怎样挑选优质浴霸？ ……………………………………… 76
Q149：浴霸应该安装在卫生间什么位置合适？ ………………… 76
Q150：防水浴霸真的不怕水吗？ ………………………………… 77
Q151：安装浴霸的电源配线有什么特殊要求？ ………………… 77
Q152：哪种材质的地漏是最耐用的？ …………………………… 77
Q153：洗衣机排水地漏可以用深水封地漏吗？ ………………… 78
Q154：住宅常用卫生器具的安装高度有哪些统一标准？ ……… 78
Q155：怎样挑选优质的卫浴龙头？ ……………………………… 79
Q156：如何安装浴缸？ …………………………………………… 79
Q157：如何安装淋浴房？ ………………………………………… 79
Q158：如何安装台盆和立盆？ …………………………………… 80

十三、厨房用品

Q159：橱柜安装的标准尺寸是多少？ …………………………… 81
Q160：自己动手做橱柜会比买成品橱柜便宜吗？ ……………… 81
Q161：如何判断橱柜质量的优劣？ ……………………………… 82
Q162：购买橱柜应注意哪些安全问题？ ………………………… 84
Q163：橱柜的附加件越多越好吗？ ……………………………… 84
Q164：橱柜安装有哪些技术要点？ ……………………………… 84
Q165：燃气器具安装有哪些技术要点？ ………………………… 85
Q166：燃气器具的安装步骤是怎样的？ ………………………… 85
Q167：厨房烟道返味应该如何处理？ …………………………… 85

十四、电线、开关和插座

Q168：购买电线时怎样鉴别优劣？ ……………………………… 87
Q169：安装开关有哪些具体要求？ ……………………………… 87
Q170：安装插座有哪些具体要求？ ……………………………… 88
Q171：安装开关、插座有哪些常见的质量问题？如何预防？ … 88
Q172：厨房和卫生间的插座有什么特殊要求？ ………………… 88

十五、施工常识

Q173：冬季施工应注意哪些问题？ ……………………………… 90

Q174：冬季装修适宜长时间开窗通风吗？ …… 91
Q175：雨季装修更易造成污染吗？ …… 91
Q176：夏季施工应注意哪些问题？ …… 92
Q177：夏季如何保证施工安全？ …… 93
Q178：施工现场应遵循哪些防火规定？ …… 93
Q179：施工现场用电用水应符合哪些规定？ …… 94
Q180：环保施工有哪些要求？ …… 94

十六、电路

Q181：电路改造的大致步骤有哪些？ …… 96
Q182：电气改造如何保证安全施工？ …… 96
Q183：合理布线应遵循哪些原则？ …… 97
Q184：为什么电线不能简单地直接埋墙？ …… 98
Q185：埋管线时的开槽处理需要注意哪些问题？ …… 98
Q186：电气改造时管内穿线应注意哪些技术要点？ …… 99
Q187：电气布线施工需要注意哪些问题？ …… 100
Q188：家用电气设备安装有哪些具体的要求？ …… 101
Q189：安装灯饰有哪些注意事项？ …… 102
Q190：电气设备安装常见的错误有哪些？ …… 103
Q191：电路改造时使用电线应注意哪些原则？ …… 103
Q192：电路改造时怎样做才能方便检修？ …… 103

十七、上下水

Q193：水路改造的大致步骤有哪些？ …… 105
Q194：如何选到放心水管？ …… 105
Q195：如何确保水路改造施工的安全性？ …… 106
Q196：铺水管时走墙顶好还是走地面好？ …… 107
Q197：给排水管道排管有哪些要求？ …… 107
Q198：给排水及采暖管件安装的间距有哪些规定？ …… 108
Q199：给排水管件安装的技术要点有哪些？ …… 109
Q200：塑料排水管道如何进行成品保护？ …… 109
Q201：PP-R热熔管件安装有哪些技术要点？ …… 109
Q202：给水管道和阀门安装的允许偏差应符合什么规定？ …… 110
Q203：采暖管件应该怎么安装？ …… 110
Q204：水路改造中为什么会出现饮用水污染问题？ …… 111

Q205：如何避免出现饮用水污染的问题? …… 111
Q206：如果装修中出现了饮用水污染,会有什么表现? …… 112
Q207：卫生间水路安装容易出现哪些问题? …… 112
Q208：怎样进行水路验收? …… 113
Q209：防水处理有哪些技术要求? …… 113
Q210：防水工程如何选择涂料? …… 113
Q211：涂膜防水层施工对材料有哪些要求? …… 114
Q212：刷防水涂料有哪些验收标准? …… 115
Q213：刷防水涂料的流程是怎样的? …… 115
Q214：防水实验怎么做才算合格? …… 116

十八、吊顶工程

Q215：常见的吊顶有哪几种主要类型? …… 117
Q216：选择吊顶有哪些重要的注意事项? …… 117
Q217：吊顶安装有哪些技术要点? …… 118
Q218：暗龙骨吊顶和明龙骨吊顶安装的允许偏差有何规定? …… 119
Q219：原有的石膏条如何翻新? …… 119
Q220：造成吊顶不平、倾斜或局部有波浪的原因是什么? 如何避免? …… 120
Q221：吊顶塌落是什么原因造成的? 如何避免? …… 120
Q222：怎样在预制楼板上吊平顶? …… 121
Q223：轻钢龙骨吊顶怎样进行成品保护? …… 121
Q224：吊顶验收具体需要达到哪些标准? …… 122

十九、门窗、隔墙与抹灰工程

Q225：门窗工程有哪些基本规定? …… 123
Q226：门窗安装有哪些步骤和注意事项? …… 123
Q227：安装门窗的正常误差是多少? …… 124
Q228：铝合金门窗如何进行成品保护? …… 124
Q229：木门制作和安装有哪些技术要点? …… 125
Q230：木窗帘盒制作和安装有哪些技术要点? …… 126
Q231：门窗框安装不牢固是什么原因造成的? 如何避免? …… 126
Q232：门窗渗漏是什么原因造成的? 如何避免? …… 127
Q233：门窗开关不灵活是由什么原因造成的? 如何避免? …… 128
Q234：塑钢门窗验收有哪些注意要点? …… 129
Q235：门窗玻璃如何正确安装? …… 130

Q236：轻质隔墙施工需要哪些程序？ …… 130
Q237：轻质隔墙工程施工有哪些规定？ …… 130
Q238：轻质隔墙工程应达到怎样的验收标准？ …… 131
Q239：抹灰工程的施工程序是怎样的？ …… 132
Q240：抹灰层出现空鼓怎么办？ …… 132
Q241：抹灰工程要达到哪些检验标准？ …… 132

二十、地面与墙面施工

Q242：安装地板的基本工艺流程是怎样的？ …… 133
Q243：木地板铺装最常出现哪些质量问题？ …… 133
Q244：竹、实木地板铺装技术要点有哪些？ …… 134
Q245：强化复合地板铺装的技术要点有哪些？ …… 134
Q246：木地板验收应该达到什么标准？ …… 134
Q247：铺设地暖管道需要注意哪些事项？ …… 135
Q248：铺设地热地板需要注意什么问题？ …… 135
Q249：木地板铺装后为什么会出现响声？怎样避免？ …… 135
Q250：木地板为什么会出现拱起？ …… 136
Q251：地板如果出现损伤，如何修补？ …… 136
Q252：石材和地砖铺贴的技术要点有哪些？ …… 137
Q253：怎样检查墙地砖的空鼓问题？怎样算是合格标准？ …… 137
Q254：墙地砖出现空鼓的原因有哪些？如何避免？ …… 137
Q255：墙壁裂纹是什么原因造成的？如何修补？ …… 138
Q256：墙面装修为什么会出现花斑？ …… 139
Q257：墙面瓷砖为什么会出现色变？ …… 139
Q258：墙砖接缝不平直是什么原因造成的？ …… 139
Q259：贴墙砖如何进行工期预算？ …… 139
Q260：怎么在瓷砖上钻孔才不会损坏瓷砖？ …… 140
Q261：瓷砖为什么和实木地板一样也有色差呢？ …… 140
Q262：板块面层楼地面的允许偏差有何规定？ …… 140
Q263：儿童房的墙面适合铺壁纸吗？ …… 141
Q264：儿童房装修如何选择墙面漆？ …… 141
Q265：石材墙面铺装有哪些技术要点？ …… 142
Q266：如何使石材墙面恢复光亮？ …… 142
Q267：墙面裱糊的施工程序是怎样的？ …… 142
Q268：墙面裱糊壁纸有哪些注意事项？ …… 143
Q269：陶瓷墙砖、毛石铺贴如何处理基层？ …… 144

Q270：石材、墙地砖应达到怎样的验收标准？ …… 144
Q271：怎样挑选填缝剂？ …… 145
Q272：铺贴"无缝地砖"为什么要留缝？ …… 145
Q273：如何正确使用填缝剂？ …… 145

二十一、油漆、涂料和细木工程

Q274：什么是清油涂刷、混油涂刷？ …… 147
Q275：清油和混油规范的操作程序是怎样的？ …… 147
Q276：清漆涂饰有什么具体的质量要求？ …… 147
Q277：清油涂刷的施工要注意哪些问题？ …… 148
Q278：清油涂刷对环境有什么要求？ …… 148
Q279：清油涂刷有哪些常见的质量问题？ …… 149
Q280：混油涂刷常见的质量问题有哪些？ …… 150
Q281：乳胶漆施工常见的问题有哪些？ …… 150
Q282：乳胶漆渗蜡是怎么回事？ …… 151
Q283：乳胶漆开裂如何处理？ …… 151
Q284：想给老房子墙面乳胶漆换颜色，可以直接刷面漆吗？ …… 152
Q285：特殊效果的涂料工程该如何施工？ …… 152
Q286：要想保证上漆的效果，需要注意哪些问题？ …… 152
Q287：油工验收需要达到什么标准？ …… 153
Q288：如何保持木材含水率正常？ …… 153
Q289：木制品施工如何防虫？ …… 154
Q290：木工活儿需要达到怎样的验收标准？ …… 154

二十二、验收与污染检测

Q291：目前明确的室内环境标准有哪些？ …… 155
Q292：家庭装修的验收有哪些程序？ …… 155
Q293：工程验收时哪些人应该到场？ …… 156
Q294：装修污染具体有哪些危害？ …… 156
Q295：在验收过程中如果工程质量不符合要求应该怎么办？ …… 157
Q296：委托监理公司进行现场验收如何收费？ …… 157
Q297：发现室内有害物质超标应该如何补救？ …… 157
Q298：空气检测不达标算装修公司违约吗？ …… 158
Q299：装修后没有刺激性气味就说明没有污染吗？ …… 158
Q300：怎样作装修污染检测？ …… 158

一、如何选择监理和装修公司

Q001：什么是住宅装饰监理公司？它有哪些作用？

A：住宅装饰监理公司就是由专业装饰监理人员组成、经政府审核批准、取得装饰监理资格、在装饰行业中起着质量监督管理作用的独立、公正的公司机构。监理公司接受住宅装饰消费者委托，在住宅装饰工程中是替客户监督施工队的施工质量、用料、服务、保修等，预防装饰公司和施工队的违规行为；住宅装饰监理人员对即将进行的住宅装饰工程依法按章进行四大目标控制，即环保预评估、质量监督和管理、工期控制、费用控制。

Q002：出色的监理人员应该具备哪些条件？

A：家装监理人员提供的是技术服务，主要任务是："三控，两管，一协调"。即控制投资，控制进度，控制质量；合同管理，信息管理；协调各方关系。所以说，出色的家装监理工程师应该是一种复合型人才，应具有较高的学历和多学科的专业知识，必须学习、掌握一定的与家庭装修相关的经济、法律和管理方面的知识，并要有丰富的家装实践经验，还要有良好的品德及健康的体魄和充沛的精力，能够站在公平公正的立场，为业主提供专业的家装指导和质量把关服务。

Q003：请监理的好处有哪些？

A：住宅装饰业主请监理的好处，主要有四省：

一是省心。业主可照常工作，不打乱业主的生活安排，不用业主每天在工地。

二是省力。业主不用东奔西走跑材料，由监理人员代替业主把好材料质量关。

三是省时。业主不怕施工队拖延时间，而由监理帮您合理确定时间并写入合同，如对方拖延时间，是要被处罚的。

四是省钱。业主请监理，可省去装修费用的10%左右，以减少装饰公司的高估冒算。

Q004：怎么理解请监理省钱？

本来我打算请监理员，因为自己不懂装修，想找个懂行的人帮我看着施工现场，是出于省心的考虑，听别人介绍说请监理还能省钱。请个监理员还需要另外付一笔钱，可怎么还说请监理会省钱呢？我想知道请的监理员具体能在哪些方面为我省下钱来？

A：监理员省钱的主要因素有：
1. 签订正规合同，防止非法装饰公司欺骗业主，防止业主上当花冤枉钱。
2. 审核设计方案和报价，防止中期追加费用，使您得到合理的装修价。
3. 检验装饰材料，防止假冒伪劣材料进入装修现场。
4. 验收装修质量，使您的装修一次成功，减少纠纷，减少用户的装修支出。
5. 严把环保关，装修之前对业主的家庭装修进行环保评估，装修完成之后不需要再做环保监测，省下环保监测的费用。

Q005：合格的监理员有哪些职责和作用？

A：作为一个合格的监理，应该站在"第三方"的立场上，公正地为业主服务，不放弃原则，也不刻意找茬儿。在整个装修过程中，应该协调好业主与装修公司双方的关系，监帮结合，使业主和装修公司的目标得以完美实现。

监理可以帮助业主审查装修公司，防止不正规企业和违法"游击队"介入装修，还可以帮助业主审核装修方案和装修报价，防止高估冒算和丢漏问题发生。可协助签订合同、装饰材料验收、监督施工工艺、阶段验收、竣工验收。有的装饰公司价格预算过高，还经常会在施工过程中涨价，甚至会多算，甚至偷拿材料。请一个监理可以堵塞价格漏洞，让业主钱花得明明白白。另外，如果装饰公司短期接的业务过多，可能会造成施工人员不能及时到位，以致施工期一拖再拖，这在现在的装修市场是很常见的现象。而监理则会根据合同进度，适时进行督促、协调，保证工期如期进行，避免出现工程延期的情况。

Q006：监理家庭装修有哪些技巧？

现在专业的监理公司和监理员已经很普遍了，但问题还是层出不穷，我想知道怎样才能监理好自家的装修呢？不管是请专业的监理员也好，还是自己监理也好，有没有什么具体的技巧或者窍门？

A：现在专业的监理公司确实已经发展起来了，尤其是在大城市，发展已经比较成熟。但是您要知道，一个监理员当然不可能全职监理您这一家，肯定同时需要监理好几家装修，不然的话，公司的效益就没有办法保证了。他的每个客户住的地方都不一样，很可能隔得非常远，在这种情况下，他肯定不会天天去您家的施工现场，出现问题也可能难以及时发现。如果您所住的小区有好多家业主都需要请监理，那何不去有资质的监理公司请同一个人呢？这样的话，监理员不用天天在路上浪费时间跑来跑去，只要去您那一个小区就够了，每一家都能顾及到，有问题也能及时发现。而且业主之间也方便互相沟通，万一出现问题，可以联合起来为自己维权。如果您不打算请监理，道理也是一样的，可以和附近也要装修的业主商量好，大家轮流监理，您不需要每天去工地，去一次，就顺带帮别人家也看着点，反正住得近，这也费不了多少事。邻里之间，互相帮忙，这样既能联络邻里感情，又能借鉴别人家的装修经验，还能省钱，是个不错的办法。

Q007：不请监理可能会出现哪些问题？

A：如果业主对装修是外行，又无时间顾及家庭装修，往往会造成严重后果。
1. 签订不规范、不合理、不公平的合同，在预算上就可能吃高估冒算的亏；
2. 在使用的装饰材料上，由于业主不懂专业，施工队有可能使用假冒伪劣产品或以旧代新、以次充好；
3. 在施工中容易偷工减料，粗制滥造；
4. 施工队不按合同办事，随意延误工期，或向用户勒索额外钱财、携款潜逃等。

Q008：是请监理公司好，还是自己监理好？

我有几个好朋友装修房子都请了监理公司，可我总觉得还是自己监理比较省钱。但是我的家人对装修都不懂，而且现在都在上班，时间有限。像我这样的情况究竟是请监理公司好，还是自己监理好呢？

A：如果您的朋友有懂装修的，完全可以自己监理，或者请您的朋友帮您监理。其实家庭装修并不复杂，只要了解一些相关知识，把握住关键环节，自己监理完全可行。如果业主对装修是外行，而且时间又不够充裕，无暇顾及装修施工，建议还是请一个专业监理比较好。因为您这种情况如果没有人在现场监督的话，施工队很容易出现偷工减料、粗制滥造、随意延误工期、不按合同办事等情况，给您造成损失。而监理人员的专业性是有保障的，他们能够站在业主的立场上保持公平公正，防止非法装修公司欺骗业主、防止中期追加费用、防止假冒伪劣材料进入装修现场，并能替业主严把环保关，总的来说还是很划算的。

Q009：装修公司内部的监理和监理公司有什么区别？

我今天去和装修公司谈装修事宜的时候，说起自己没时间在现场监督，准备请一个专业的监理人员，但是接待我的设计师介绍说，他们装修公司内部就有监理人员，装修公司内部的监理和监理公司的监理有什么区别呢？

A：总的来说，装修公司的内部监理和监理公司的专业人员有以下三点区别：
1. 资质不同。装修公司的内部监理或某些市场的工程监理一般都没有市建委颁发的监理资质，无资格担当正规监理，而站在第三方立场进行公正监理的家装监理公司监理人员必须具有市建委颁发的监理资质才能上岗。
2. 工作范畴不同。内部工程监理不用审核装修公司的资质和人员资质，本身就归装修公司管，而正规监理公司要审核装修公司的营业执照、装修资质和施工人员的资格，审核设计方案、工程报价、施工工艺、检验材料，分期验收、竣工验收和保修监督等，监理公司是独立的经济实体，不受装修公司的经济约束。

3．工作目标不同。装修公司的内部工程监理，目标是使业主认可已运作完的装修工程，收到全额装修费；而站在第三方立场上进行公正监理的监理公司，目标是确保家装工程质量，达到质量验收标准，使业主的合法权益得到保障。所以，前者属于自己监理自己，是缺乏公正性的，也是缺乏说服力的。

Q010：请了监理后，业主还需要做什么？

我家的装修已经开工了，请了一个监理员帮忙监理工程，但是我跟他也不熟，由一个外人掌握自己家的装修，我还是有点不放心。但毕竟人家是专业的、持证上岗的，我根本不懂装修，就算去了现场也不见得能看出什么名堂来。那么我到底能为自家的装修做点什么呢？该完全信任他吗？

A：合格的监理员都是经过住建部、市住建委培训通过的持证人员，具备相当的专业知识，而且监理员是站在"第三方"的立场监督工程、保证质量的，这是他们的工作，所以业主应该信任他们，不必过分担心。但是，请了监理以后并非万事大吉，业主一方面应该经常同监理员保持通信联系，另一方面在闲暇时也应该到工地察看，有疑问的地方及时与监理员沟通，有严重问题时要及时碰头、三方协商、及时整改。毕竟装修对渴望入住新家的业主来说是一件大事，所以自己多操点心，才能更放心。

Q011：监理公司可否受理业主的装修环保监测业务？

进行一次装修，又要请装修公司，又要请监理公司，装修完了还得另请环境监测公司，非常麻烦，不知道监理公司能不能提供环保监测这项业务？如果可以的话，装修结束的时候直接委托监理公司进行环保监测，他们对装修过程很熟悉，这样不是既省心，又放心吗？

A：有一部分大的监理公司和环保监测单位有住宅装饰环保监测合作，有条件接受客户的住宅装饰环保监测。而有一部分小的监理公司可能还不具备为业主提供环保监测的能力，建议业主在选择的时候具体咨询一下。

Q012：业主可以委托监理选购材料吗？

我家准备装修，选择了"半包"的方式，一部分材料需要自己购买，因为实在对装饰公司不太放心，另外，还是想根据自己的偏好来购买关键的材料。但是现在才发现，光是买材料就要浪费好多时间，而且人又很累。实际上我对建材市场也并不熟悉，并不能保证买到的东西都是物美价廉的。我可以委托监理员帮我选购材料吗？他是"第三方"，而且对建材肯定也比较熟悉，如果能行的话，我还是比较放心的。

A：可以的。如果业主委托监理员购买材料，监理员可以在明确业主的采购意向后，推荐诚实可靠的企业进行配送。但是如果业主私下请监理员代购材料，监理公司并不知晓，发生问题后监理公司不会承担任何责任。监理员虽然确实是"第三方"，相对比较公正，但是如果消费者没有在监理公司备案，而是私下委托监理员，监理员的行为就没有任何有效的约束了，如果监理员为业主购买劣质的廉价建材，从中谋取利益，很容易产生"豆腐渣"工程，给业主带来很多损失和不必要的麻烦。所以说，请监理员购买材料，最重要的是在监理公司备案，这样即便出现了问题和纠纷，也可以通过监理公司进行解决。

Q013：监理公司收"省钱提成"是合理的吗？

最近小屋准备装修，想请个专业监理。联系了一家公司，说3500块钱起，50元/m^2。这个价格和我之前了解到的差不多。关键是到最后，加了一句，说什么在工程结束之前的款项结算时，对按实结算的款项及施工项目审核，算下来如果帮业主节省了多少钱，收取其中20%的提成。关于这条，我有些疑问，最后那个20%的收费，我没看到其他公司有这个内容。这个20%的收费是合理的吗？

A：这项收费是不合理的。请监理公司的目的不仅是省时省力省心，还有重要的一点就是省钱，虽然请监理本身是要付费的，但是一般而言，业主请监理公司进行监理，可以省去装修费用的10%左右。帮助业主防止装修公司高估冒算本来就是监理人员的职责所在，不应该再有提成。

Q014：监理报告书是否具有法律效力？

如果客户与装修公司发生了法律纠纷，监理公司出具的监理报告书可不可以作为法律依据？它有法律效力吗？

A：监理公司是受市住建委委托的住宅装饰监理机构，具有对住宅装饰监督管理的职能，当客户与装修公司发生纠纷时，可找监理公司进行公正的鉴定，由监理公司提供监理报告书，监理报告书具有现场质量或造价的法律效力，能够作为证据在法庭上出示。

Q015：工程质量不合格，监理公司承担什么责任？

如果客户已经委托了监理公司，可最后装修工程还是出现了质量问题，这时候监理公司承担什么责任呢？

A：监理公司在客户与装修公司签订合同之前，应该先审核装修公司的手续是否齐全，是否合法有效，如果客户执意要请无手续的装修队伍，监理公司将不负连带责任。如果客户委托正规的装修企业，工程结束后出现质量问题，监理公司会监督施工企业及时修复和整改，两年保修期内免费监督。

Q016：怎样审查装修公司的资质？

A：装修公司的资质直接关系到他们的业务水平和信誉，对面临装修的业主来说这些问题都是很关键的，所以建议您在选择装修公司时一定要审查一下他们的资质。首先，您要看看装修公司是否持有《建筑企业资质证书》及《工商营业执照》正、副本；资质证书和营业执照上公司的名称是否与装修合同当事人一样；资质证书和营业执照是否印有上一年的年检印章；再看工程负责人是否持有建设部颁发的土建、水暖工程师职称证书；最后看看装修工人是否持有建设行政主管部门发放的装饰装修从业上岗证书。

Q017：怎样审查施工工人的资质？

听说有的正规装修公司也常常临时在马路上找一些"装修游击队"来完成自己接到的装修业务。那这样请装修公司不是和请装修队一样了吗？怎么知道施工的人员是不是有专业资质呢？

A：现在尤其是装修旺季，装修公司的业务量比较大，您说的这种情况确实有可能存在，但是您也不必过分担心，因为装修公司毕竟还是比装修队有保障，即便他们请的是临时装修队，只要在合同上把责任、工艺、施工计划等问题都明确了，出现问题的时候装修公司还是会出面解决的。再说有的施工队很有经验，做出来的活儿并不见得比装修公司里面的正式工差。您检查工人资质的时候，重点要看电工有无电工证，水暖工有无水暖工证，工长有无工长上岗证，其他人员有无相应的培训证明。

Q018：资质越高的装修公司越好吗？

目前我家刚验房结束，准备装修，想请一个好点的装修公司好好给装修一下，也看了好几家装修公司了，其中有的说自己是拥有一级资质的，有的只有二级资质，一级资质的自然价钱开得贵一些，我家面积比较大，想全面装修，是不是请一级资质的公司比较好呢？

A：一些装修公司或者施工队在推介自己时会向业主介绍自己是拥有一级资质的，而不少业主也会认为拥有一级资质的公司比拥有二级资质的强。但实际上，单凭资质就选择装修公司并不正确。换句话说，这些公司或施工队未必真是大集团的下属单位。从资质上来说，这些拥有一级资质的公司在造价师的数量和级别，以及承接工装项目的造价上比拥有二级资质的公司高。但这些企业大多做大型工装项目，基本不参与单个的家装项目。建议业主看到有打着"一级资质"和"大集团"旗帜的装修公司和施工队时，最好自己先打个问号，看它是否确实属于某大集团。建议业主选择前一定要核实，不要盲目迷信一级资质，对大集团旗下的单位多加了解，即便属实，也须关注该公司在家装市场口碑如何。

Q019：可以根据报价来选择装修公司吗？

为了买房，已经把我的积蓄花得差不多了，装修我想简单一点，实用就行。目前看的几家装修公司报价差别还挺大的，报价最低的那家甚至比我的心理预期还要低。我在高兴之余还是有些担心，报价这么低，他们的利润在哪儿呢？这样的装修公司可信吗？

A：如果消费者根据报价来选择装修公司，很可能会上当受骗。一般情况下，公司规模、管理模式、材料选购、工艺水平都影响装修价格，而好的装修公司都是明码标价或透明报价，在价格上决不会轻易大幅下调，因为材料费与人工费基本是固定的，价格浮动只是在利润方面，而利润通常也是在一定区间的，如果大幅下调，装修公司拿什么来维持公司的正常运转呢？如果装修公司能够轻易许诺可以给消费者在报价的基础上下调20%，那它肯定要在材料或工艺方面另想"办法"，"节约"材料或降低质量也就在所难免了。所以，建议业主在装修前一定要给自己的装修定位，树立"适合自己的装修就是最好的装修"的消费理念。讨价时要把握分寸，并不是价格越便宜越好，因为只有保证装饰公司挣到合理的利润，才能确保装饰工程的质量。通常情况下，装修公司的正常优惠幅度在5%～15%之间，消费者不妨根据这个标准进行判断。如果优惠幅度太大，肯定是不可靠的。

Q020：可以根据样板间来选择装修公司吗？

有一家装修公司的样板间我非常喜欢，是漂亮的地中海风格，简直就像是为我设计的一样，我就想把我家装修成那个样子。那家公司能够做出那么完美的样板间来，在设计和施工方面肯定都没什么问题了，我可以放心地和那家装修公司签约吗？

A：现在很多装修公司都推出了非常漂亮、精美的样板间，这也是推销自己手艺的一种方法，由于这样的样板间装修效果好、很直观，所以宣传效果很出色。但是如果消费者仅仅根据样板间来选择装修公司，实际上就冒着很大的风险了。这是因为样板间往往是装修公司选最好的工人、最好的材料做的，可以说一个装修公司的样板间反映了装修公司最高的设计水平和工艺水平，但却不能反映装修公司的真实设计和工艺水平。消费者在挑选装修公司的时候，样板间是一定要看的，如果连样板房都达不到您的装修要求，那您就一定不要选择这一家了，但是在看完样板间后，建议您还要注意看两样：一个是正在施工的工地，在那里，材料、半成品、公司的管理、工人的素质一览无余，可以增加对公司的进一步了解；二是即将交工的工地，这才可以反映出装修公司的平常水平，也可以看出一般工地与样板间的差距，对消费者选择装修公司非常有帮助。

二、装修预算

Q021：装修花多少钱是正常的？

装修的花费真是个"无底洞"，不同的建材价格相差很大，样式也是五花八门，装修效果千差万别，我很想参考一下别人的装修花费，多少钱用来装修算是正常呢？还有，各个区域大概占总花费的比例是多少？

A：现在"过度装修"的比例非常高，很多人就是事先没有个具体的打算，到最后总是超支，且装了很多不实用的东西在家里，既浪费钱又不利于环保。所以，在装修前了解具体的装修花费，有个大概的心理预期，在装修过程中就可以总体把握了。一般而言，装修分为低档、中档、中高档、高档等几个等级。造价在每平方米 500 元以下的为低档装修，每平方米 500～1000 元的为中档装修，每平方米 1000～1500 元的为中高档装修，每平方米 1500～2000 元的为高档装修，每平方米 2000 元以上的为超高档装修。其实装修除了实用、舒适以外，还要考虑环保的因素，花费太多，反而会显得繁复，对环保也不利。现在卫生间和厨房的装修在装修总花费中的比例占到了 45% 左右，算是最重要的了。其次是客厅，大概在 35% 左右，而其他的卧室、客房、书房等占总花费的 20% 左右就可以了。

Q022：装修预算主要由哪几部分组成？

A：装修价格主要是由材料费 + 人工费 + 设计费 + 其他费用组成。
1. 材料费。一般以市场价为主，但因各市场进货渠道和利润不同，价格也就有所不同。同一个品种也会因质量、品牌不同而价格不同。
2. 人工费。因工人的手艺和级别而有所差别。
3. 设计费。分人工设计和电脑设计，因此费用也就有所差别，设计人员的级别也影响着设计费用的高低。
4. 其他费用。其中包括税费、管理费、办公费等。

Q023：项目预算书包括哪些内容？

A：一份装修项目预算书，至少要包含四部分内容：
1. 施工的项目及项目所在的部位。比如"铺砖"，要指明铺在什么部位。

2. 施工项目的规模。如"铺砖"一共要铺多大面积。
3. 施工项目所用的材料和工艺制作标准。其中包括主要材料和辅助材料。如铺砖用的是什么品牌的,用多大的砖,是瓷砖还是大理石,接缝处用什么材料填补,贴砖工艺是干铺还是湿铺,工艺标准是什么等。
4. 施工项目的人工单价和材料单价。如"铺砖",每平方米人工多少钱、砖的价格等。但是业主不要以为在预算单里包含这些内容就万事大吉,其实这只是个预算框架,其中的具体项目才是关键。

客户:	周先生		
套内面积:	140	工程地址:	金港湾花园
		联系方式:	
工程总造价:		62544.3	
其中已包含人工费:		12146.4	
其中已包含设计费:		0	
其中已包含施工费:		47123.2	
其中已包含代购主材费:		15421	
每平方米装修造价:		446.7	

一、设计费

设计师类型及姓名	单位	建筑面积	收费标准	合计设计费	备注
设计师	m²			0	设计师简介
设计费合计				0	

二、装饰公司施工部分(免收管理费,其中人工费已包含在单价中,仅作说明)

1. 地面工程(单价中已含人工费,人工费单价项目仅作说明)					
名称	单位	单价	工程量	合价	材料及施工说明
木制地台	m²	80	0	0	材　料:30×50木龙骨,15厚木工板,防火涂料 工艺流程:木格栅300×300间距,120~150高,涂刷防火涂料,木工板铺面
小计				0	
2. 墙面、天棚工程(单价中已含人工费,人工费单价项目仅作说明)					
名称	单位	单价	工程量	合价	材料及施工说明
立邦"永得丽"乳胶漆喷漆	m²	15	446	6690	材　料:上海"立邦"永得丽环保乳胶漆面漆,专用防潮底漆,石艺熟胶粉、白乳胶、滑石粉 工艺流程:清扫基层、刮腻子、找平、打磨、底漆一遍、面漆喷漆两遍
乳胶漆增加颜色(主卧床头背景墙)	种	100	2	200	乳胶漆增加色彩相应增加的材料损耗,人工费,每增加一种颜色增加100元计
天棚造型顶	m²	70	15	1050	材　料:主龙骨30×50,次龙骨25×35,拉法基,防火涂料,钢膨胀 工艺流程:找水平,钢膨胀固定主龙骨,400×400次龙骨格栅、校平、封板、螺钉防锈、按图施工

续表

2. 墙面、天棚工程（单价中已含人工费，人工费单价项目仅作说明）					
名称	单位	单价	工程量	合价	材料及施工说明
天棚木作平顶	m²	60	13.8	828	材　　料：主龙骨 30×50，次龙骨 25×35，纸面石膏板，防火涂料，钢膨胀 工艺流程：找水平，钢膨胀固定主龙骨，400×400 次龙骨格栅、校平、封板、螺钉防锈
木制假梁乳胶漆饰面	m	50	10.4	520	木工板基层，造型及规格详见图纸，40～100元/米，其中人工费20～50元/米，不含乳胶漆
天棚木作暗光带（不含光带）	m	25	22	550	木作基层，160～200 高，含灯管安装人工费，灯管由客户自己采购
小计				9838	

3. 门窗工程（单价中已含人工费，人工费单价项目仅作说明）					
名称	单位	单价	工程量	合价	材料及施工说明
美地装饰成品门及门套（含油漆、安装）	樘	780	9	7020	材　　料：门扇实木集成材基层，中纤板，实木木皮贴面，门套及门边线为中纤板基层实木木皮贴面 工艺流程：木龙骨加层板门套基层、成品门扇安装、门套安装、门吸安装、球形锁具安装
花园防盗门	樘	420	1	420	成品防盗门
胡桃装饰门套（面板碰角收边）	m	65	9.6	624	材　　料：25×35 木龙骨，15 厚木工板，九层板基板，胡桃面板，胡桃木实木门挡线 工艺流程：木龙骨格栅底，木工板基层，九层板基层，面板饰面，面板碰角门边缘。（不含油漆）
胡桃装饰窗台线	m	40	9	360	材　　料：15 厚木工板，红胡桃面板，60 宽榉木边线 工艺流程：选料、下料、制作、校平（不含油漆）
三面不包只作石材台面国产	m²	240	3.5	640	按实购价结算
小计				9264	

4. 厨卫工程（单价中已含人工费，人工费单价项目仅作说明）					
名称	单位	单价	工程量	合价	材料及施工说明
厨卫墙砖水泥砂浆及安装人工费	m²	22	80	1760	材　　料：峨嵋大厂水泥，中砂 工艺流程：清理基层，刷素水泥浆一遍，找水平，试排弹线，粘贴，勾缝，清理，纸板遮盖保护 工艺标准：体积配合比为1:2.5水泥砂浆，平均粘结层不低于20厚，500×500 以上地砖施工采用干贴法 单价分析：水泥砂浆10元/平方米 + 机械切割及刀片费1元/平方米 + 人工费12元/平方米 备　　注：200×300 及其以上；100×100 及其以下；外墙砖等特殊砖形人工费为12元/平方米
阳台、厨卫地砖水泥砂浆及安装人工费	m²	22	19	418	材　　料：峨嵋大厂水泥，中砂 工艺流程：清理基层，刷素水泥浆一遍，找水平，试排弹线，粘贴，勾缝，清理，纸板遮盖保护 工艺标准：体积配合比为1:2.5水泥砂浆，平均粘结层不低于20厚，500×500 以上地砖施工采用干贴法 单价分析：水泥砂浆10元/平方米 + 机械切割及刀片费1元/平方米 + 人工费12元/平方米 备　　注：300×300 及其以上；100×100 及其以下；外墙砖等特殊砖形人工费为12元/平方米

续表

4. 厨卫工程（单价中已含人工费，人工费单价项目仅作说明）					
名称	单位	单价	工程量	合价	材料及施工说明
厨卫吊顶（特丽达扣板）	m²	75	19	1425	材　　料："特丽达"烤漆铝扣板36元／平方米，专用轻钢龙骨，专用吊杆，钢膨胀 工艺标准：吊杆安装，钢膨胀，专用龙骨安装，扣板安装 备　　注：含扣板损耗，不含专用角线收边
厨卫吊顶铝质专用阴角线	m	8	36.8	294.4	专用铝合金收口线条，含损耗及安装人工。材料费3.5元／米
小计				3897.4	

5. 家具及造型工程（单价中已含人工费，人工费单价项目仅作说明）					
名称	单位	单价	工程量	合价	材料及施工说明
红胡桃衣柜——柜内饰面板	m²	360	12.5	4500	材　　料：木工板、九层板、胡桃木面板、榉木实木条、合页、碰珠 工艺流程：柜体木工板基层、背板封五层板、柜内宝丽板、实木条收边、五金件安装 工艺流程：柜门木工板开条处理、柜内宝丽板、实木条收边、门扇安装 备　　注：柜体厚度为550～600厚，柜内分隔，不含挂衣杆，详见施工图，不含柜面油漆
装饰鞋柜	m	500	1.7	850	材　　料：木工板、九层板、胡桃木面板、实木条收边、合页
装饰酒柜代隔断	m	680	1.28	870.4	材　　料：木工板、胡桃木面板、榉木实木条、合页、碰珠 工艺流程：柜体木工板基层、柜内封人造饰面板、封饰面板、实木条收边、五金件安装 工艺流程：木工板基层、封饰面板、实木条收边、安装 备　　注：含柜内清漆一遍，说见施工图，不含柜面油漆（柜高1.1米以内，宽度0.35米以内）
主卧室装饰吊柜（400～600含600高）	m	350	1	350	材　　料：木工板、胡桃木面板、榉木实木条、合页、碰珠 工艺流程：柜体木工板基层、柜内封人造饰面板、柜内宝丽板、实木条收边、五金件安装 工艺流程：柜门木工板开条处理、封饰面板、实木条收边、门扇安装 备　　注：柜体厚度为400～500厚，柜内分隔，含柜内清漆一遍，详见施工图，不含柜面油漆
沙发背景	项	200	1	200	详见图纸（不含油漆）
电视墙造型	项	600	1	600	详见图纸（不含油漆）
装饰护角	个	100	5	500	详见图纸（不含油漆）
小计				7070.4	

6. 楼梯工程（单价中已含人工费，人工费单价项目仅作说明）					
名称	单位	单价	工程量	合价	材料及施工说明
楼梯钢板基层	项	2800	1	2800	钢板3mm，扁管
圆柱	项	420	1	420	直径15，厚度2.8
不锈钢栏杆	m	240	8.6	2064	不锈钢

续表

6. 楼梯工程（单价中已含人工费，人工费单价项目仅作说明）

名称	单位	单价	工程量	合价	材料及施工说明
木质扶手	m	160	8.6	1376	50～60木质扶手，材料费120元/米，含损耗，安装及人工，含油漆
楼梯成品实木踏步	m²	240	4.6	1104	成品实木踏步板
楼梯耐磨漆	m²	30	4.5	135	
小计				7899	

7. 油漆工程（单价中已含人工费，人工费单价项目仅作说明）

名称	单位	单价	工程量	合价	材料及施工说明
"嘉宝莉"聚酯清漆（耐黄变型）	m²	35	21	735	材　料："嘉宝莉"聚酯清漆 工艺流程：基层打磨，清理，找补钉眼，透明腻子一遍，两遍底漆，面漆手刷三遍
"嘉宝莉"聚酯白漆（喷涂）	m²	45	5	225	材　料："嘉宝莉"聚酯白漆 工艺流程：基层打磨，清理，找补钉眼，腻子一遍，两遍底漆，面漆喷涂三遍
小计				960	

8. 水电工程（单价中已含人工费，人工费单价项目仅作说明）

名称	单位	单价	工程量	合价	材料及施工说明
水电改造	项	0	0	0	按实际使用量结算，由客户对材料单价及数量签字认可
小计				0	

9. 屋顶及楼梯工程（单价中已含人工费，人工费单价项目仅作说明）

名称	单位	单价	工程量	合价	材料及施工说明
花园花台	m	55	3.4	187	红砖，"峨帽"大厂水泥，中砂
地面清石板安装	m²	47	28.2	1325.4	清石板25元/m²"峨帽"大厂水泥，中砂
地面防水处理（RG防水）	m²	45	12	540	RG专用防水处理，关水24小时试验无渗漏
花架	m²	100	12.3	1230	25镀锌管，22PVC管
阳光板	m²	140	12.8	1792	阳光板，连接件，安装
鱼池	项	300	1	300	
假山	项	320	1	320	
水泵	项	380	1	380	
小计				6074.4	

10. 土建改造工程（单价中已含人工费，人工费单价项目仅作说明）

名称	单位	单价	工程量	合价	材料及施工说明
厨、卫间包水管	根	90	0	0	碎砖基层，水泥砂浆抹面
砖砌隔墙	m²	75	0	0	200厚加气混凝土砌块，"峨帽"大厂水泥，中砂，包括材料转运，上楼费用
墙面抹灰	m²	15	0	0	"峨帽"大厂水泥，中砂，刷素水泥浆一遍，精抹，包括材料转运，上楼费用
隔楼板	m²	150	0	0	钢筋，混凝土
小计				0	

11. 材料运输、清洁及清运（单价中已含人工费，人工费单价项目仅作说明）

名称	单位	单价	工程量	合价	材料及施工说明
材料运费及上楼费（4～6）	m²	4	140	560	装修用材的运输费用及上楼费用，按建筑面积计算（不含公摊面积）

续表

11. 材料运输、清洁及清运（单价中已含人工费，人工费单价项目仅作说明）

名称	单位	单价	工程量	合价	材料及施工说明
建渣清运——新房	m²	2	140	280	施工中产生的建渣清运至楼下费用，按建筑面积计算（不含公摊面积），不包括物业收取的将建渣清运至小区外的费用
日常清洁及完工清洁	m²	2	140	280	日常现场清洁及完工清洁公司专业清洁，按建筑面积计算（不含公摊面积）
小计				1120	
装饰公司施工部分合计		46923.2			其中本工程已包含的人工费合计为

三、装饰公司利润

			备注
装饰公司利润	施工部分造价3万以下	200	
装饰公司利润合计		200	

四、装饰公司施工部分工程造价

			备注
(1) 设计费合计		0	
(2) 装饰公司施工部分合计		46923.2	其中本工程已包含的人工费合计为
(3) 远程施工费		0	
(4) 装饰公司利润		200	
(5) 旧房改造增加造价500-2000			
(6) 监理公司[(1)+(2)+(3)+(4)]×1%		0	
(7) 市场管理费[(1)+(2)+(3)+(4)+(5)]×1%		0	
(8) 工程造价(1)+(2)+(3)+(4)+(5)+(6)		47123.2	

五、主材部分（免收代购费）

本报价表中材料单价及品质说明仅供参考，单价以材料商的实际零售价为结算依据，材料品质说明以材料商的说明为准；主材部分的保修由材料商负责提供。

本主材表中的报价均不含材料的运输费及上楼费，该项费用按实际发生额结算，由发包方（甲方）承担

1. 地面材料

材料品名	单位	单价	损耗率	工程量	合价	产地	等级	规格	备注
强化木地板	m²	68	按实结算	116.5	8397.3	成都			
阳台塑钢窗	m²	150		26	3900.0				
小计					12297.3				

2. 厨卫工程

材料品名	单位	单价	损耗率	工程量	合价	产地	等级	规格	备注
250×330墙砖2.1元／匹	m²	29	6%	80	2459.2		优等	客户认定	不含运费及上楼费

续表

2. 厨卫工程									
材料品名	单位	单价	损耗率	工程量	合价	产地	等级	规格	备注
330×330地砖3元/匹	m²	33	6%	19	664.6		优等	客户认定	不含运费及上楼费
小计					3123.8				
主材费用合计					15421.1				

Q024：哪些情况需要特别预算？

在做项目预算书的时候，设计师提醒我说，总有一些情况是需要特别预算的，我听说很多装修公司就是故意不把所有的项目都列进预算书，这样看起来报价低，到施工的时候再不断加钱，到底哪些情况是需要特别预算的？特别预算是合理的吗？

A：装修中的特别预算是合理的，而您说的报价低，但后来施工时再加钱的做法属于装修欺诈，和特别预算不同。家庭装修中需要特别预算的情况有：

1. 墙面裂缝。大面积的裂缝处理是要另行收费的，尤其是满铺石膏板，通常每平方米要加收30元以上，这项收费往往在预算中体现不出来，而到现场施工时根据实际情况才单独提出。
2. 地砖拼花。有的家庭在铺地砖时喜欢用不同的颜色拼成一定的图案，这笔拼花费用通常也是在结算时才提出来的。
3. 水路、电路施工。预算中关于水路、电路的改造费用通常是先预收一小部分，竣工时再按实际发生的数量进行结算。

Q025：施工计划是必需的吗？

现在装修动不动就延长工期，经常发生没有按照施工计划进行施工的情况，那么这个施工计划还有必要存在吗？

A：施工程序和计划的完善直接影响到施工质量的优劣。如果没有一个系统的安排，开工以后就难免会产生混乱，无法利用科学的方法保证施工的质量，也自然会影响到施工进度，所以，详细的施工计划在家庭装修当中是必需的。业主一定要向装修公司要一份正式的施工计划，这是监督施工方按期完工的法宝。现在家庭装修中延期是一个很普遍的现象，即便在合同当中有违约责任条款，也不能完全避免延期状况的发生。但如果因为没有制定施工计划，造成施工混乱，从而导致延误工期，业主的损失可能更大，有了施工计划，业主自己对工期也能更好地把握。

Q026：装修现场交底需要明确哪些内容？

A：在家庭装修的整个过程中，现场交底是签订家装合同以后，开工前的第一步，在此，合同双方可以把一些不容易在合同中讲清楚的问题予以明确。但装修公司对这方面却常是抱着敷衍了事的态度，甚至没有经过现场交底就直接投入施工了，结果难免给消费者造成不少麻烦。所以说，装修前的现场交底是必需的。在这一程序中，双方可以就施工现场需要保留的设备、现场存在的问题、具体的工种工艺、特殊要求等进行协商和明确，用文字的形式确定下来，双方签字。交底后签订的合同是双方到场达成的书面共识，属于协议性文件，与家装合同具有同等的法律效力，是在施工以及以后的合同执行过程中双方必须遵守的。

Q027：施工工艺书有哪些作用？

A：很多消费者都会犯"重材料、轻工艺"的错误。在选择材料时要求选择最好、最流行、最环保的，但是在施工工艺上却不那么重视，完全凭工人自己去处理。这样做不仅难以保障工程质量和环保要求，还很可能把花大价钱买来的好材料都"糟蹋"了。施工工艺书能起到约束施工方严格执行约定工艺做法、防止偷工减料的作用。业主应该要求装修公司在预算报价中标明他报的这个价格是由什么材料、什么工艺构成的，千万不能含糊其辞。相同的材料和工人，用不同的工艺做出来的活儿，其装饰效果和使用寿命肯定是不同的，所以在预算当中，对于施工工艺的级别问题双方也要有尽可能详细的约定。

Q028：装修中何时付款比较合适？

我家装修刚开工没几天，工头就说要进材料，没有钱了，让我再付款。可预付款我已经给了30%了，很明显还没到中期付款的时候，怎么又要付钱呢？在装修过程中我到底什么时候付款，各付多少比较合适？

A：装修中何时付款也是有讲究的，如果业主在施工未完工之前或者尚未验收之前把全部的装修款都付清，业主的地位顿时就变得被动了。因为钱已付清，施工单位很可能会借故拖延改进或者否认需要改进，这样业主就很难再要求施工单位履行未履行的义务了。即便业主举起法律的武器维护自己的权益，结果也并不一定能达成所愿，因为从法律上说，已付清全部款项就意味着承认验收合格，所以付款一定要有技巧。家装工程的付款可分为开工时的预付款、中期进度款、竣工后尾款和维修保证金四项，业主在装修过程中根据进度付款，千万不要过早付清。预付款一般占应付工程款的30%左右，中期进度款占30%～50%为宜。其余的工程尾款在竣工验收以后再付。另外，工程竣工并清理现场以后，业主还应保留工程总款的5%作为质量保证金，也叫保修金，待保修期满、且工程质量缺陷得到解决以后再付给装修公司。

Q029：装修过程中临时增减项目怎么办？

我家的房子已经在施工过程中了，但是我临时想装一个淋浴房，所用的材料也想另外换个牌子，这样做是不是会很麻烦？我应该怎么办呢？

A：装修过程中增减项目是很正常的，所有的装修方案都不可能一步到位，但是有的业主到施工的时候还是不能确定自己的装修风格、所用材料等，甚至在施工过程中还临时增减一些项目，这样做不仅给施工带来很多麻烦，也难以保证装修效果，装修前的预算也得不断变动，施工计划也形同虚设了，这样做实在是不可取的。所以，在实际施工之前，业主一定要就施工方案和设计师深入交流，如果有不满意的地方应该及时调整，施工之前最好有一个确定的方案，这样施工起来会顺利很多，不要临时再增减一些项目。如果实在需要增减，则要和设计师、施工工人充分沟通，最后再对原预算书进行修改和认定。

Q030：装修合同需要特别留意哪些方面？

刚经过好一番讨价还价，终于对预算书确定无误了，马上需要和装修公司签订正式的工程合同书，我以前听说过很多装修公司利用业主不懂装修的特点，与其签订不平等合同，或者干脆就不执行合同，一旦出现问题就推卸责任，引起一些不必要的麻烦和冲突。请问装修前在签订合同的时候，应该特别注意哪些方面，才能有效地维护自己的权益呢？

A：

1. 核实装修公司的资质。建设部《住宅室内装饰装修管理办法》规定，进入小区承接家庭装修的装修公司必须具备相应的建筑企业资质证书。但现在小区内的一些施工队伍是挂靠在有资质的公司下的，也就是说公司并不对施工队伍的施工质量和服务负责。这就要注意在合同中的"发包方和承包方"一项中，有"委托代理人"一栏。有些装修公司属挂靠、承包企业，却故意漏写"委托代理人"一栏，也不填写法人委托的代理人姓名及联系电话，以便出现问题以后推卸责任。一旦装修期间或保修期内出现质量问题，业主的利益就得不到任何保障，因此，在合同里装修公司一定要注明"资质等级"。还要注意的是有些装修公司将建委的"设计资质"与"施工资质"混为一谈，或者利用其他公司的资质证书来蒙骗客户，这里所说的装修公司的资质是指"施工资质"而言。
2. 合同中必须写明装修的具体要求和完工日期。有的业主在签订合同时，没有注意到这两点，给某些装修公司粗制滥造和拖延工期创造了条件。
3. 付款时间要明确。第一次、第二次预付款及尾款的支付时间和条件：多数装修一般都是分三次付款，您可按开工前付60%、工程过半付35%、验收后付5%来安排。工程进行到何种程度才算"过半"，增、减项目的款项何时交付，甲乙双方都应有明确规定。一般装修公司对工程的保修期为一年（国家规定为两年），业主要尽可能选择保修期长的公司。
4. 明确奖惩条款。明确违约方的责任及处置办法，在合同中应详细标注这些内容，以便于保证工程的顺利进行。

5. 合同中应注明保修条文。合同中有关的保修条文是必不可少的,而且要分清责任。如果属于施工不当引发的质量问题,装修公司应承担全部责任;如果属于业主使用不当,双方可以协商处理。

Q031：装修前想换装修公司，订金就不能退吗？

我装修前看了一家装修公司，还交了500元钱订金，但是后来朋友又给我介绍了另外一家，各个方面的条件都比原来那家好，而且我看了样板间后也更满意，于是我最终想请朋友介绍的那家装修公司，可原来那家却告诉我说，如果不选择他们，我交的订金就不能退了。他们并没有给我提供任何服务，为什么这订金就不能退呢？

A：很多消费者在不了解装修公司的时候，就被装修公司要求交纳数量不等的"订金"。如果到时候不满意，想换装修公司，就会被告知"订金"不退。消费者不是自认倒霉，白花了几百到上千元钱，就是被"订金"牵制，选择了并不满意的装修公司。这样的情况在家庭装修中也是很常见的。遇到这样的装修公司，消费者应当选择拒绝合作，转而寻找别的装修公司，不必非在一棵树上吊死。而且消费者需要明确一点：装修公司在接受委托后，只有按照消费者的要求完成设计，然后才能获得报酬，既然设计结果不符合要求，则表示公司没能完成委托，应当退还订金。以"减少死单率"这样的理由将自身的规定和意志强加给消费者的行为，没有任何法律依据。对此消费者应当坚决抵制，并果断为自己维权。

Q032：环保要求是否应该写进合同？

A：现在人们对家庭装修的污染问题有了更深的了解，往往会尽量选择环保健康的装修方案。但是偏偏有的业主在与装修公司签合同的时候，忽略了签订与环保有关的条款，等到出了问题，才发现根本没有任何依据来保障自己的权益。到那时，污染已经造成，装修款已全部付清，消费者就只能自认倒霉了。所以，在签订装修合同时，千万不要轻信商家的口头承诺，一定要将环保问题明确写入其中，如果发生纠纷，可依据合同约定进行索赔。例如要求装饰材料要符合国家标准，禁止使用国家明令淘汰的材料及设备；要求施工严格按照有关国标执行；增加室内空气质量检测条款，明确装修公司承担综合治理及相应赔偿责任等。

Q033：怎样检测装修公司是否虚报工程量？

早就听说有一些装修公司会故意虚报工程量，这样在不知不觉中抬高总价。我对装修一窍不通，以前也没有装修过房子，我怎样才能知道他们有没有虚报工程量，虚报了多少呢？

A：在家庭装修当中，工程量直接影响着工程总价，但是一般的业主恰恰缺少工程量计算方面的专业知识，有的装修公司或者装修队正是抓住这一弱点，虚报工程量，以谋取自己的利润，致使有的业主在不知不觉间多掏了很多钱，十分不划算。家装的内容各家都不同，所涉及的工种和材料比较多，业主一定要对自己的工程量有一个大概的预估。一般而言，工程量的计算是根据施工中的每个单项项目来计算材料的消耗量和人工消耗量，其中材料的消耗量是根据装修展开面积计算，再加上合理损耗；而人工消耗量是参照国家编制的施工人员工时标准制定出来的，各种作业工时标准不一，家庭装修当中的工时应该比国家标准稍微放宽一点，因为家庭装修工种多、作业面积小、工程量少、耗工多。业主可按以上方法将家中的装修面积和施工工程量计算出来，然后分别乘以装修工程每个分项的单价（包括主材料费、人工费、辅料费），再将各个分项的价格相加，就得到整个工程的直接费用。工程量中尤其要仔细核对的是墙面面积、地面面积、墙地砖数量、橱柜体积等。

装修公司常见的虚报工程量的伎俩如下：涂刷乳胶漆不扣除门窗洞口的面积。很多项目在计算工程量时连损耗都算上，实际上工程量的数字应该是精确的，只有材料上才会有一定的损耗。厨房、卫生间墙地砖按满铺计算，而贴的时候却只贴眼睛看得见的地方，至于橱柜背面及吊顶上面就不贴了。有些还故意算错，多报工程量，待发现时以预算员计算错误应付了之。

Q034：怎样防止装修公司漏报工程项目？

A：有的装修公司故意在报价的时候省去一些必须做的项目，等到把工程揽到手，在施工过程中再逐项提出，让业主加钱，此时的业主"骑虎难下"，只得再掏腰包，最后一算装修的总价，竟然比当初的报价高出很多。业主一定要仔细查看装修公司开出的工程报价书，是否清晰明了，必须列入其中的项目是否完备、没有遗漏；材料和设备明细表是否详细，价格是否合理。千万不要因为价格而选择资质不够、口碑不好的装修公司，而且关于工程款的用途等都应在合同中注明，并标注奖惩责任，尽量避免施工过程中出现临时增加项目、临时加钱的纠纷。

常见的漏报内容包括：在签订合同前，装修公司并不报水路、电路改造的价格，不分明暗管，而在最终的结算中却全部算最高价；或在水、电路改造施工时，有意延长水、电路管道的长度，用户因此负担额外费用等。

Q035：怎样防止装修公司高报损耗或重复计算损耗？

A：不少消费者在购买建材时，重复计算损耗费用的现象比较多见。在确定装修主材使用量时，导购员已经计入了损耗，也就是说，消费者已经为材料的边角料埋单了，可是一些商家在结算尾款时，又冒出一项损耗费。由于多数消费者装修没经验，常常落入这样的陷阱。无论是施工队还是建材销售商，除了一些事先说明的，其实大都已经把损耗产生的费用计算在单价里了。所以，以损耗为理由增加装修费用是不合理的。消费者在装修时把握这样一条原则：任何工程基本损耗不会超过10%，如果发现超过此比例，应请装修公司给予合理解释。

Q036：项目预算书中要注意哪些不合理收费？

我仔细看了刚刚装修公司给我的预算书，有一项是单列的"材料损耗"和"机械损耗"，这些收费是不是合理的？"材料损耗"不是已经在材料预算当中留出来了吗？

A：在有些预算书的最后，会有一些诸如"机械磨损费"、"现场管理费"、"税费"和"利润"等项目，这些项目其实都属于不合理收费。"机械磨损"是装修中必然发生的，"现场管理"则是装修公司应该做到的，这两项费用其实都已经摊入每项工程中去了，不应该再向用户索取；而根据"谁经营、谁纳税"的原则，装修公司的税费更不该由用户缴纳；将"利润"单独计算，是以前公共建筑装修报价的计算方式，目前装修公司已经把利润摊入每项施工中，因此不应该重复计算。您说的"材料损耗"，一般情况下已经在材料预算的时候加入了正常的损耗，因此也是不应该单列出来重复计算的。

三、选材常识

Q037：合同中关于材料的部分应该注意哪些方面？

我家的装修采用的是"半包"的形式，一些主要的材料自己买，其他的由装修公司负责，这样的情况在实际操作的过程中会有哪些常见的问题？在签合同的时候有没有特别需要留意的地方？

A：家庭装修过程中目前比较常见的材料采购方式主要是用户自己采购一部分主材，施工单位采购一部分主材、一部分辅材。但是，材料采购的过程是一个比较容易出现问题的环节。举个例子，合同中本来约定使用某个品牌的大芯板，但是用户在施工时发现施工单位采购了其他的品牌；还有，工地本来需要明天使用墙砖，但是业主还没有决定到哪里去买，耽误了工期算谁的责任等。因此，在这里提醒业主在签订材料合同的时候需要注意：首先：在合同当中，应该约定采购材料的种类；第二，合同当中应该约定材料的品牌；第三，合同当中对材料的规格应该进行约定；第四，合同应该约定材料的参考数量；第五，合同应该约定材料的参考价格；第六，合同应该约定材料的供应时间，这一点非常重要，而目前市面上的很多合同都没有作必要的约定，因为牵涉到材料供应必须与施工进度相衔接以及必要的材料验收，所以绝对不要忽视这个供应时间的约定；第七，关于材料，还有一个目前很多合同双方都容易忽视的问题，就是材料的"验收人"。由于目前家庭装修关于材料的纠纷很多，其中有一个问题就是材料进场没有验收，还有的就是参与验收的人太多，结果与没有验收也差不了多少。所以，合同中应该指定一个明确的能够做主的验收人，以免事后出现纠纷。

Q038：哪些房屋改造行为是必须经过批准的？

我知道有一些房屋的改造必须经过行政许可才能进行，但是具体有哪些改造需要批准我却不是很清楚，我家装修的时候需要拆一部分墙，不知道是否需要批准？

A：需要经过行政批准的房屋改造行为有：
1. 在承重墙体上挖壁柜、洞口的；
2. 在基础、楼面、屋面板上开设洞口的；
3. 拆除承重墙体、梁、板、柱、基础等承重构件的；
4. 改变承重墙、梁、板、柱、基础等承重构件截面尺寸的；

5．拆除剪力墙或者改变剪力墙截面尺寸的；
6．在楼板上增设水池的；
7．增加楼层，增设楼梯、水平夹层的；
8．在房屋内安装动力、压力性设备的；
9．在房屋屋面、立面上设置广告牌匾、供电、通信等设施设备的；
10．建造地下室、地下蓄水池的。

此外，其他改变房屋承重结构、增加房屋设计荷载的行为也须经行政许可后才能进行。如果您家需要拆墙，则一定要区分是否是承重墙，承重墙一定不可以动。

Q039：如何识别承重墙？

总是听施工的工人说承重墙，究竟什么是承重墙？如何识别房子承重墙和非承重墙呢？承重墙可以拆吗？

A：承重墙指支撑着上部楼层重量的墙体，在工程图上为黑色墙体。一般来说，在"砖混"结构的建筑物中，凡是预制板墙，或是厚度超过24cm以上的砖墙，都属于承重墙，而那些敲起来有"空声"的墙壁，大多属于非承重墙。在装修中，非承重墙可以根据业主的设计需要进行拆改，而承重墙则不能拆改。另外，也不能在承重墙上开门开窗，因为这样会破坏墙体的承重能力，出现本层顶棚及上层墙体变形开裂的情况，严重时会导致房屋倒塌。

Q040：装修中比较常见的不安全因素有哪些？

装修装得漂亮当然很重要，环保当然也很重要，但是最基本的是要保证安全，我知道有时候稍不注意就会犯了安全禁忌，在装修当中，有哪些常见的错误做法会导致安全隐患呢？

A：
1．打掉阳台与室内的隔墙或窗户，结果改变了楼房的力学结构，造成安全隐患。
2．肆意扩大阳台面积，使阳台的力臂加长，极易使整个阳台从根部断裂，严重的还会导致阳台倾覆、塌落。
3．将阳台改造成厨房或卫生间，结果由于摆放大量家具、电器后，阳台负荷超标，极不安全。
4．在墙上开洞做窗户或加门，使得房屋抗震能力减弱或丧失。
5．在两栋楼留空部分的山墙上开门，破坏了建筑的抗震、沉降功能，若发生地震，两栋楼会发生碰撞，在损坏建筑物的同时，还会伤及此方位的住户。
6．走线时在墙上随意开槽埋线，减小了墙面厚度，也降低了墙的抗震功能。

此外，装修中还有一些地方是"敏感区"，最好也不要擅自改动，否则也会为健康、舒适的生活埋下各种隐患，如果真需要改动的话，要请专业人员来施工。

装修中的"敏感区"主要有：
1. 卫生间的蹲便器。有的老房子采用的还是旧式的蹲便器，如果用户想更换成坐便器的话一定要慎重。因为蹲便器一般都是前下水，而坐便器一般都是后下水，所以更换坐便器，就意味着更改下水管道。这种施工难度较大，而且必须破坏原有的防水层。安装不当的话，也会给业主的生活带来困扰。
2. 暖气和燃气管道。安装和拆改燃气管道，必须请燃气公司的专业施工人员进行，装饰公司不能"代劳"，否则很难保证使用的安全。而且在装修时，不能遮盖水表、电表和燃气表。对于暖气片和暖气管道，同样要谨慎从事，因为暖气片在室内的位置，直接影响冬季室内的温度，如果拆改不当，不是取暖受影响，就是暖气片跑水。

3. 原有的钢窗。有些住户因为原有的钢窗不好看，就换了铝合金窗。由于目前少数装饰公司为了图便宜采用小规格的型材，或干脆以次充好，所以有些铝合金窗的坚固程度远远逊于钢窗。使用这样的铝合金窗容易造成脱落，在高层建筑上尤其如此。

Q041：装修中哪些行为是被明令禁止的？

A：由于各方面原因，几乎每个家庭在进行装修时都会敲敲打打，拆拆补补。对此，消费者在进行家庭装修时一定要注意，有些地方、部位是家装的禁区，例如承重墙、墙体中的钢筋、房间中的梁柱等，这些"禁区"都是在装修过程中不能拆改和破坏的，否则会破坏建筑的整体性，引起危险。

家装中的"禁区"主要有：

1. 承重墙。装修中不能拆改承重墙。那么什么样的墙是承重墙呢？一般在"砖混"结构的建筑物中，凡是预制板墙一律不能拆除或开门开窗，厚度超过24cm以上的砖墙，也不能拆改，这些都属于承重墙。若在承重墙上开门开窗，会破坏墙体的承重，也是不允许的。而敲击起来有"空声儿"的墙壁，大多属于非承重墙，可以拆改。
2. 墙体中的钢筋。如果把房屋结构比成人的身体，墙体中的钢筋就是人的筋骨。在埋设管线时如将钢筋破坏，就会影响墙体和楼板的承载力。如果遇到地震，这样的墙体和楼板就很容易坍塌、断裂。所以水电改造时，墙壁不能横向开槽。
3. 房间中的梁柱。梁柱是用来支撑上层楼板的，拆掉后上层楼板就会掉塌，所以也不能动。

承重墙横向开槽

4. 阳台边的矮墙。一般房间与阳台之间的墙上都有一门一窗，这些门窗都可以拆改，但窗以下的墙不能动。这段墙叫"配重墙"，它像秤砣一样起着挑起阳台的作用。拆改这堵墙，会使阳台的承重力下降，导致阳台下坠。
5. 户门。户门的门框是嵌在混凝土中的，如果拆改，会破坏建筑结构，降低安全系数。而且破坏了门口的建筑结构，重新安装新门就更加困难了。
6. 卫生间和厨房的防水层。这些地方的地面下都有防水层，如果破坏了，楼下就会变成"水帘洞"。所以在更换地面材料时，一定注意不要破坏防水层。如果破坏后重新修建，一定要做"24小时渗水实验"，即在厨房或卫生间中灌水，如果24小时后不渗漏方为合格。

Q042：装修材料的选择有哪些规定？

A：
1. 住宅装饰装修应采用A类天然石材，不得采用C类天然石材。
2. 应采用E 1级人造木板，不得采用E 3级人造木板。
3. 内墙涂料严禁用聚乙烯醇水性内墙涂料（106内墙涂料）、聚乙烯醇甲醛内墙涂料（107、108内墙涂料）。
4. 壁纸粘贴严禁采用聚乙烯醇甲醛胶粘剂（108胶），要用薯类胶（薯类胶是专门贴壁纸用的胶，安全环保）。
5. 木地板及其他木质材料严禁采用沥青类防腐、防潮处理剂。

6. 阻燃剂不得含有可挥发氨气的成分。
7. 粘贴塑料地板时,不宜采用溶剂型胶粘剂。
8. 脲醛泡沫塑料(脲醛泡沫塑料是以脲醛树脂为原料,以二丁基萘磺酸钠为表面活性剂,采用机械搅拌法形成泡沫,并在催化剂作用下固化成型,再经过干燥而制成的白色块状泡沫塑料),不宜作为保温、隔热、吸声材料。

Q043:家庭装修材料的燃烧性能应达到什么等级标准?

A:住宅内部各部位装修材料的燃烧性能等级表:

住宅类型		装修材料燃烧性能等级						
		顶棚	墙面	地面	隔断	固定家具	窗帘	其他装饰材料
单层与多层	高级	B1	B1	B1	B1	B2	B2	B2
	普通	B1	B2	B2	B2	B2		
高层	高级	A	B1	B2	B1	B2	B1	B1
	普通	B1	B1	B2	B2	B2	B2	B2

注:我国国家标准 GB8624-97 将建筑材料的燃烧性能分为以下几种等级。
  A 级: 不燃性建筑材料
  B1 级:难燃性建筑材料
  B2 级:可燃性建筑材料
  B3 级:易燃性建筑材料

四、地板

Q044："新E0级"地板真的完全不含甲醛吗？

现在市面上又出现了"新E0级"地板，商家说这种新地板是不含甲醛的，和"E0级"地板相比，虽然只多了一个字，价格却贵了不少，这种"新E0级"地板和"E0级"地板相比有什么不同，它真的不含甲醛吗？

A："新E0级"是地板行业的一次革新，成功地将甲醛释放含量再次降解、分化、控制到最低极限，该项技术的发明与应用，让地板的环保指标明显优于目前国家E0标准（E0级≤0.5mg/L）。多了个新字，甲醛含量更少，技术含量更高，所生产出来的地板也更加环保，更加健康。但是也并不是说"新E0级"地板就不含甲醛，如目前最著名的圣保罗"新E0级"地板，甲醛释放量在0.1～0.3mg/L之间，优于现行国家标准，实现了无论是基材还是地板，均远低于原来的"E0级"地板标准。

Q045：绿色基材的地板就是环保地板吗？

我在市场看到一些绿色基材的木地板，价格比普通的地板要贵一些，商家说这种地板防水又环保，我恰恰很看重地板的防水性和环保性，因此对这种绿色基材的地板非常中意。请问这种地板真的环保吗？

A：地板基材在很大程度上决定了复合地板的质量，因此地板的基材质量一直为厂商和消费者所关心。"绿色基材"即在基材的原料中特别添加了抗潮因子，使之比普通地板大大增加抗潮性能。当时为示区别，引进者把这种基材做成了浅绿色，"绿色基材"因此得名。随之而来市场上很快出现了各种各样的"绿色基材"：有说是防潮的，有说是防水不怕水泡的，更有说是"绿色基材"就是环保产品。总之，只要挂上"绿色基材"的牌子，地板价格每平方米就高出10～20元，其实绿色基材的地板并不等于环保地板、防水地板，在您选购"绿色基材"地板时，应当仔细辨别真伪。第一，真正的"绿色基材"地板加强了防潮性能，可以适应较复杂的气候环境，也可以抵御未及时处理的意外水浸，但绝对不可以泡在水里使用，"防潮"不是"防水"；第二，"绿色基材"的绿色只表示添加了抗潮因子，没有任何其他特殊的含义，更不是说颜色越绿越防水、越环保，相反，如果添加的染色剂不当的话，反而有害。而环保地板是指那些达到国家强制E1标准，获得国家环境标志认证和免检企业的产品。提醒消费者在购买复合地板的时候一定要严防被类似的"表面文章"所迷惑。

Q046：适合儿童房的地面饰材有哪些？

我家宝宝特别喜欢在地上爬来爬去，我们做家长的既担心坚硬的木地板磕着他，又担心冰凉的地砖让他受凉，当然同时还有地板的环保性等问题，这样一来，儿童房地面饰材的选择变得非常难，有哪种材质的地面材料是最适合儿童房的呢？

A：与地面"亲密接触"似乎是每个幼儿的天性，所以在儿童房地面饰材的选择上，要特别留心。一般来说，易清洁的强化地板、能避免孩子跌倒受伤的软木地板、能避免过多接触污染的抗菌地板等都是可以选择的。但相对来说软木地板是有小宝宝的家庭最佳的选择，因为坚硬的地板材料会让到处爬的孩子很不舒服，而软木地板不会那么坚硬，也不会很冰凉，触感很好，能保证宝宝爬行时的安全，软木地板的环保性能是很可靠的，非常适合铺设儿童房。此外需要提醒的是，儿童房最好不要铺设瓷砖，因为瓷砖中含有一种叫做氡的放射性物质，会对孩子的呼吸系统和神经系统造成极大伤害。由于氡的密度比较大，在室内一般都会悬浮在距离地面 1 米以下，距地面越近所含氡的浓度就越大，身高不够的儿童最容易受到它的伤害。

Q047：买进口地板需要注意哪些问题？

进口地板的环保要求好像更高一些，我家有一个刚出生的小宝宝，所以对环保性要求特别高，经过家人的商议，我们还是决定买价格贵一些的进口地板，请问买这些进口地板的时候有哪些检测证明？现在就怕花大价钱买到的是假货。

A：随着我国经济的发展和人民生活水平的提高，消费者在装修的时候更加注重品牌的身份，要明明白白消费。面对市场上琳琅满目的产品，原装进口木板越来越多地受到消费者的推崇。消费者在选择的时候一定要擦亮眼睛，莫为假冒伪劣产品埋单。

进口地板有两个最明显的特征，其一是外包装应有国际物流条码和各种标志，如欧洲最高环保标准蓝天使认证标志；其二是进口地板都有原产地证明。

除此以外，在购买洋地板的时候心理要成熟，判断要理性，不能轻易相信商家的宣传。除了要注意查看产品的原产地证明外，还要查看授权书、海关证明、国际权威认证等证明资料是否齐全。同时，消费者在购买洋地板时，首先要选择到正规的家居商场去购买，认清荣誉证书不等于品质保证书，防止被商家的夸大宣传所迷惑，还有就是不要盲目崇尚"洋品牌"，应该让产品质量本身说了算。

Q048：安装带锁扣的地板为什么还需要用到胶水？

我家安装的是带锁扣的软木地板，我一直以为这种地板是不需要用胶水的，但是安装的时候工人还是告诉我，必须用胶水加固。我很疑惑，带锁扣的地板不是方便安装也方便拆卸的吗？为什么还要用胶水呢？

A：锁扣地板安装时还要打胶的最主要目的是为了防潮。保养地板肯定会用湿拖布或抹布擦地，地板的表面是没问题的，但板与板之间的接缝处很容易进水，几次潮气进入没有太大关系，但一般来说，地板是要用很多年的，总是有潮气进入势必会影响地板的使用寿命，给消费者带来损失。而安装时打了胶的话，就能将接缝处密闭，起到预防的作用，增加一层保险。而且锁扣设计特意在地板中留有供胶流动和凝固的胶腔，可以将地板准确锁定在设计位置上，降低了接缝变大和边缘起翘的可能，提高了地板的美观和使用寿命。

Q049：如何挑选优质的实木地板？

A：看实木地板质量好坏的指标有加工精度、基材缺陷、表面油漆质量、含水率等。加工精度要达到国家标准；基材缺陷值要求边缘平直、无毛刺、裂纹、虫眼等；表面油漆质量方面，要求表面淋漆平整、无鼓泡、褶皱等。具体挑选可用卡尺在中间和两边测量是否一致，再用5～8块地板拼合起来，观其拼合后是否合缝、平齐，有无高低差距和长短差。含水率是最关键的指标，要求在8%～12%之间。含水率过高和过低都会使木地板铺成后由于环境的变化而起翘或开裂。

实木地板

Q050：实木地板不容易保养吗？

我很想买实木地板，但是很担心它的保养问题，好多朋友都说实木地板特别怕水，容易变形，比较难保养。如果铺实木地板的话，平时应该如何清洁和保养实木地板呢？

A：很多人认为实木地板很娇气，不易保养，其实这是一种误解。刚铺好的地板，一个月内要打蜡密封，以后根据实际情况隔一段时间打蜡或上漆即可。由于木材干缩热胀的特性，平时保养时主要避免水泡；冬天防止暖气漏水，家中空气太干燥时可在暖气上放一盆水或用加湿器加湿；夏天注意防潮，如不慎有水泼到地板上，及时擦净即可。清洁时用半干的拖布就可以，平时保养也可以过几个月打一次蜡，这样可保持地板的光洁度，延长实木地板的使用寿命。尽量避免木地板与大量的水接触；避免用酸性、碱性液体擦拭，以免破坏地板表面漆的光洁度。避免尖锐器物划伤地面，不要在地板上扔烟头或直接放置太烫的东西，尽量避免拖动沉重的家具。

Q051：实木地板如何上漆？

实木地板铺好之后就应该上漆了，请问上漆的方法是怎样的？实木地板上漆后效果怎么样？

A：实木地板的上漆方法有两种：一种是直接上漆并着色，其方法与木器家具相同，待干燥后即可涂上地板蜡，上蜡时一气涂揩均匀，切勿太厚，待蜡略微干燥后，即可用拖把擦蜡，直至光亮为止。二是不需任何颜色作底色，也不用任何油漆，而是直接用地板蜡揩擦。因为实木地板是一种自然材料，不仅经久耐用，而且还会随着时间的延长日趋完美，更加自然，尤其是纯擦蜡木地板，将变得格外光亮、平滑、美观。

Q052：实木地板的色差问题怎么解决？

我看中了一款实木地板，各个方面都挺满意的，唯一有点瑕疵的地方就是色差问题。实木地板的色差问题真的和商家说的那样是无法避免的吗？这样的地板是不是质量不合格？铺上后色差会不会特别明显？

A：实木地板是天然的材料，哪怕是一棵树上的木材，它的向阳面与背阴面也是有色差的。色差是天然材料的必然存在，它并不影响地板的质量，也不会太影响美观。如果业主对地板的色差问题非常介意的话，建议您选择等级为AA级的地板，这种地板的色差是比较小的。

Q053：实木地板如何避免虫蛀？

我想用实木地板来铺装我家的客厅，但是我看到一个朋友家装的木地板，经常会出现一堆一堆的细木渣，扫干净后过一段时间又会出现，很难清除干净。我想请问一下，是不是所有的木地板都存在虫蛀的问题？怎么避免虫蛀？

A：为了避免虫蛀，在选购实木地板时，一是要选经过干燥窑喷蒸工艺生产出的地板，尽管价钱较为昂贵，但已将木材里的虫卵全部杀死。二是要注意除了木地板之外，施工中用到的木龙骨也必须削掉树皮，因为木龙骨是实木，怕树皮上寄生的虫子日后不断繁衍；削掉树皮之后，还要涂上防虫剂。木制踢脚线、木制墙裙都要涂上防虫剂，再刷油漆。总之，施工中不要采用容易生虫的木材。凡在用到木材的地方，都要留心防虫。

Q054：三层实木地板和普通实木地板相比有哪些优点？

昨天第一次去逛建材市场，本来打算看看实木地板的，但去了一看才知道，实木地板也分很多种，其中有一种三层实木地板卖得最火，商家也给我介绍了这种地板，各方面都很不错，当然，价格也比普通的实木地板贵。我想知道这种地板和普通的实木地板相比，有哪些优势呢？

A：三层实木地板是比较前卫的地板，它结合了木地板的优点，故在欧美国家已成为时尚产品。它的表板取自百年以上之大径原木做锯切板材，高级质硬，一般厚度为3～6mm，制成高级经久耐用超厚表板，并且地板用久后可以经过刨削、除漆后再次油漆翻新使用，与实木地板一样经久耐用。与普通的实木地板相比，三层实木地板纵横交错的独特结构，改变了木材的各项物理性能，稳定性远远高于其他木地板。中间芯板和背板多选质地较软、弹性好的软木树种，充分保证脚感的舒适性，又具有良好的吸声和调节温湿度的作用。

Q055：三层实木地板容易受潮变形吗？

都说三层实木地板质量很好，在国外非常流行。我家以前也是铺的实木地板，但几年过后有小部分地方变形比较严重，可能跟地方潮湿有关。我想问问这种三层的实木地板会不会存在变形的问题？

A：传统实木地板的变形、起鼓、开裂、缝隙等问题已成为众所周知的最大弊病，传统实木地板是由一整块木材制成，木材本身具有呼吸性，会根据周围环境调节含水率，也就是人们通常说的木材的湿胀干缩的特点。传统实木地板为了不让木材呼吸，减少湿胀干缩的程度，多采取了全封闭漆的做法。但一块木材无论什么样的方法，都难以改变木材本身的特性，而三层实木地板恰恰以其卓越的稳定性著名，采用三层实木纵横交错的方式，克服实木的单向同性的缺点，各层相互牵制，有效控制地板在进行湿胀干缩的变化时发生的变形，使地板的变形几率及程度降到最低。可以说，制作工艺精湛的三层实木地板基本可以做到不变形。

Q056：怎样挑选三层实木地板？

现在对三层实木地板关注度比较高，我也有点动心，但是这么贵的地板，当然要物有所值才好。市面上的三层实木地板种类也多，不同品牌、不同产地、不同树种的都有，我该怎么选择，才能挑到性价比高的产品呢？

A：在日常家居装修中，越来越多的消费者选择购买三层实木复合地板。当你在准备购买三层实木复合地板前，有必要了解以下几点：

1. 三层实木复合地板分表、芯、底三层。表层为耐磨层，同时也是视觉审美层，材质应选择质地坚硬、纹理美观的木材，目前市场上以柚木、胡桃木、绿柄桑、枫木、柞木较为常见。三层实木复合地板表层厚度决定其使用寿命，表层板材越厚，耐磨损的时间越长。三层实木复合地板表层厚度一般要求达到3.5mm以上，这样既能增加地板的脚感，也使得实木复合地板可以多次翻新。芯层和底层为平衡缓冲层，厚实的芯层是地板脚感的主要来源，应选用质地软、弹性好的木材，常用的有橡胶木、松木等木材。特别是橡胶木，不仅踩踏舒适，连接也更加牢固。三层实木复合地板的芯层厚度应该在7mm以上，低于这一指标的三层实木复合地板，脚感明显较差。
2. 在制造工艺方面，表层板木材的裁切方式也不可忽视。旋切表层板容易造成地板表层纹理失真，还可能导致表层板出现裂纹，优质的实木复合地板应采用径切材作为表板。
3. 在表面涂饰方面，高档实木复合地板都采用 UV 亚光漆，这种油漆是经过紫外光固化的，耐磨性能非常好，不会产生类似 PV 漆的脱落现象，家庭使用也不用打蜡维护。UV 漆的一项重要指标是亚光度，优质的 UV 亚光漆对强光线应无明显反射现象，光泽柔和高雅，对视觉无刺激。
4. 在价格方面，三层实木复合地板因材质差异，价格相差悬殊，每平方米从 250 元到 600 元不等。其中尤以东南亚、南美产的柚木、胡桃木、绿柄桑、李叶苏等材质的三层实木复合地板价格最高；而枫木、柞木等常规材质三层实木复合地板价格可低至 250 元左右。

Q057：软木地板容易滋生细菌吗？

A：由于特定的加工程序，软木原料从森林里进入工厂，会经过一系列清洁、筛选、热压处理，最后才会与高密度纤维板贴合在一起，附上软木贴皮层以及绝缘软木层，形成软木地板成品。软木地板表面的纹理和质感是由加工软木树皮的工艺决定的，它接近自然并具有稳定的性能，经验证，软木地板不会滋生霉菌，更不会生虫，并且不会给人体造成任何过敏伤害。

软木地板

Q058：软木地板是不是不够坚实？容易受潮变形吗？

软木地板真的是"软"的吗？那岂不是很不坚实、不耐磨？家具如果比较重的话，会不会把地板压变形呢？如果室内湿度比较大的话，会不会受潮变形？

A：软木的"软"，并不是说它不坚实，恰恰相反，由于现代加工工艺的进步，软木地板不仅外表坚实，并且保持了脚感柔软有弹性、老人孩子摔倒不会疼的特色，这正是软木地板的最大优势。另外，由于软木本身特殊的结构使其具有压缩后恢复原始形状的能力，所以即使被重物压出凹坑，软木地板也能够自己回复原貌。质量合格的软木地板具有高强度的耐磨性能，能很好地抵抗轮椅以及带轮家具的摩擦。

软木地板的生产过程十分严谨，软木树皮在被加工成地板之前经历了一系列"历练"过程：打碎、筛选、过滤、搅拌、热压、固化、饰面等，其中热压成型的工序，令颗粒状的软木原料形成了一个稳定均衡的整体，对于外部来说，它是完全致密而封闭的，不会渗油渗水，达到一定含水率的软木地板不容易受潮变形，更不会藏污纳垢。另外，经过表面特殊处理的软木地板还可以用于厨房卫生间等潮湿空间。

Q059：竹地板的使用寿命是不是不够长？

使用竹地板的人好像挺少的，是不是因为竹地板使用寿命不够长？竹子给人的感觉是脆、易折，用它做成的地板是不是用不了多久就需要更换？

A：竹地板作为一种十分有特色的地板种类，外销价格高，效益良好，所以自诞生之日起，中国上规模的竹地板企业几乎都把目光放在了国外。作为高档地板的代表，全国竹地板产量的60%～70%都出口，这也造成竹地板"国内开花国外红"，在中国本土反而认知度不高的局面。直到近年，中国竹地板界才意识到本土市场的重要性，开始积极推进竹地板在国内消费者中的认知度。近年来，竹地板开始越来越多地运用到中国家庭的装修中来。竹地板质量可靠，稳定性高，不存在使用寿命短的问题。理论上讲竹地板的使用寿命可达20年左右，但过于潮湿的环境对它的使用寿命还是有很大的损害，所以不适合用于浴室、洗手间、厨房等属于房子"湿区"的区域。只要使用得当，竹地板在耐用方面不会比实木地板差。

竹地板

Q060：竹地板和实木地板相比，有没有它的优势？

客厅到底铺什么样的地板好？虽然我最喜欢的是软木地板，但是它太贵了，只好忍痛割爱。现在我打算在竹地板和实木地板之间选择一种，我心里是比较倾向竹地板的，因为它花纹自然，还比较独特。我就很想知道竹地板和实木地板相比，有没有什么特别之处呢？

A：竹地板和实木地板相比，稳定性更强、色差更小。因为竹地板是植物粗纤维结构，所以它的自然硬度比木材要高出一倍多，而且在干燥通风的环境下不易变形。它的收缩和膨胀率要比实木地板小。色差较小是竹材地板的一大特点。因为竹子的生长半径比树木要小得多，受日照影响不严重，没有明显的阴阳面的差别。所以相对于木质地板来说，竹地板颜色均匀，色差小。当然，它们都是环保的好地板，竹地板在价格方面还略有优势。

Q061：北方地区是不是不适合用竹地板？

我家是北方的，周围的朋友家都没有用竹地板的。我虽然很喜欢竹地板，但就是担心北方气候太干燥，如果用竹地板的话，会不会特别容易变形开裂？

A：有一些北方的消费者会担心竹地板不适合自家的装修，实际上这是对竹地板的一种误解。竹地板虽然会受到空气中湿度的影响，但制造过程中已经充分考虑了北方气候比较干燥的特点，含水率控制得较低，并且竹地板两面及四周都经涂饰处理，对空气中湿度的变化已不敏感，因此在北方使用是没有问题的，即使在寒冷、干燥的冬季，竹地板也不会有开裂的危险。

Q062：竹地板如何保养？

竹地板的花纹和颜色都是我很中意的，作为一个年轻人，我也非常乐意尝试目前还相对比较少见的竹地板。但是有一个问题：竹地板保养起来是不是很麻烦？在平时的使用中，我应该怎么保养它呢？

A：竹地板的日常保养需要注意以下几点：

1. 保持室内通风干燥的环境。经常性地保持室内通风，使空气对流，或采用空气调节系统及换气系统创造室内干爽洁净的环境。
2. 避免阳光暴晒和雨水淋湿。阳光会加速漆面和胶的老化，还会引起地板的干缩和开裂。雨水淋湿后，竹材吸收水分会引起膨胀变形，严重的还会使地板发霉。
3. 避免损坏地板表面。应避免硬物的撞击、利器的划伤、金属的摩擦等。
4. 正确的清洁打理。清洁时，可先用干净的扫帚把灰尘和杂物扫净，然后再用拧干水的抹布人工擦拭，切不能用水洗，也不能用湿漉漉的抹布或拖把清理。平时如果有含水物质泼洒在地面时，应立即用干抹布抹干。如果条件允许，还可以间隔一段时间打一层地板蜡以加强对地板的保护。

Q063：怎样检测强化复合地板的耐磨性？

A：真正的强化地板是有耐磨层的，表面的耐磨转数是衡量复合地板质量的一项重要指标。客观来讲，耐磨转数越高，地板使用的时间应该越长，但耐磨值的高低并不是衡量地板使用年限的唯一标准。家用地板表面初始耐磨值应在6000转以上。检测的时候业主可以用砂纸在地板的正面用力摩擦十几下，如果是假的或质量差的强化地板，表面就会被磨白，而真品表面不会有变化。

强化复合地板

Q064：强化复合地板真的可以防水吗？

我听说强化复合地板可以防水，这样的说法是真的吗？复合地板不也是原木做的吗？难道它不怕水？

A：过去曾有经销商称强化复合地板是"防水地板"，其实这只是针对表面而言，实际上强化复合地板使用中最忌讳的就是水泡，一旦地板被水泡过了，损伤是很大的，而且不可恢复。在选购强化复合地板的时候，必须检验它的吸水膨胀率，这是检验复合地板质量好坏的重要指标之一。强化复合地板的吸水膨胀系数越低越好，此项指标在3%以内可视为合格，否则，地板遇到潮湿时，或在湿度相对较高、周边密封不严的情况下，就会出现变形现象，影响正常使用。

Q065：对强化复合地板的甲醛释放量有什么规定？

都说强化复合地板含有甲醛，我在选购的时候就特别注意这个问题，一般的强化复合地板甲醛含量究竟有多高？有没有一个行业标准，可以让我选择到甲醛含量少一些的地板呢？

A：按 GB18580-2001 规定，强化复合地板属于可直接用于室内的产品，所以其甲醛释放量必须达到 E1 级，即 ≤ 1.5mg／L（浓度单位，单位体积内甲醛的含量）。只要能达到这个标准，业主就可以放心地选购。在选购时，业主可以用鼻子闻一下地板的气味，即使带有轻微刺激性气味，也说明其甲醛含量较高。

Q066：强化复合地板如何保养？

A：强化复合地板的日常清理十分简单，只需用吸尘器吸尘，用半湿的抹布和拖把擦抹即可。在清洁地板时也要注意保持地板的干爽，所以不要用大量的水冲洗，注意避免地板局部长期浸水。清洁污渍时也要用中性的清洁剂处理，不能用碱水或者肥皂水。避免阳光直射，避免地板淋雨、受潮，对强化复合地板来说也同样重要。此外，注意室内通风，保持室内温度也有利于增加地板的寿命。另外，强化复合地板与实木地板不同，不需要油漆和打蜡，切忌用砂纸打磨抛光，因为强化复合地板的材性不同于实木地板，它的表面本来就非常光滑，亮度也比较好，打蜡反而会画蛇添足。

Q067：地热地板有哪些特殊要求？

我家准备铺设地热管道，然后再铺地板，装上地热采暖冬天肯定很舒适，但就是地板的选择让我有些伤脑筋，本来是想选实木地板的，但是又担心以后会出现地板变形的问题。我想问问地热采暖对地板有哪些特殊的要求？

A：由于地热采暖的特殊性，对地板的要求非常严格，因此，地热地板除了满足常规质量指标，还需要满足以下条件：

1. 导热散热性要好——宜薄不宜厚。木材和竹材都是很好的天然材料，地面热量通过地板传递到表面，必然会有热损失，理想的地板能把这些损失降到最低。所以，为了减少热能的损失及降低供暖运行维护开支，地面采暖地板必然"选薄不选厚"，板厚一般不超过 8mm，最厚也不能超过 10mm。
2. 尺寸稳定性要好——宜小不宜大。地热地板的使用环境相当复杂，尤其是在北方地区，非采暖季地面要承受各种潮气，而供暖时地面温度又骤然升温，木地板必然承受温度和湿度的双重变化。所以地热地板必须选择稳定性好的，如强化复合地板、多层实木地板、竹地板等集成复合型地板。锁扣式地板的效果更好，因为地板间留有细小的缝隙，膨胀后也不易走形。
3. 防潮耐热性要好。集成复合地板要用胶粘剂，胶粘剂需要符合环保、胶合强度高、耐高温高湿老化这三大指标。尤其是对于地热地板来讲，要经过耐高湿、耐低温等实验。消费者在选购时，需要查看商家的产品报告和检验报告。

4. **耐磨性要好。** 由于地热地板宜薄不宜厚，所以复合表面层一般以 0.3～0.6mm 为多。表层的油漆耐磨耗值也要比一般的地板高一些。

Q068：地热采暖的房间可以选用强化复合地板吗？

家里最近要装修，有个问题请教。我打算给家里铺上木质地板，但家里是地热，所以木质地板应该要能耐高温的那种。强化复合地板可以吗？

A：强化复合地板可以用在地热采暖的房间。地热采暖对地板的稳定性和抗高温性能要求很高，一般的地板都不能用作地热采暖。因为在高温烘烤的情况下会加快地板水分的流失，从而导致地板开裂变形。强化复合地板具有良好的导热散热性、尺寸的稳定性、防潮耐热性和出色的耐磨性，所以能够达到地热采暖对地板的要求。但注意不要选择太厚的板材，否则会影响地热的传导效率。

Q069："杀菌地板"真能杀菌吗？

我昨天在地板市场看见好几种"杀菌地板"，卖家也说这些地板具有杀菌的功能，我想问的是，真的有可以杀菌的地板吗？它杀菌的原理是什么呢？

A：消费者在选购地板时，可能会遇到经销商推销一种高价杀菌地板。所谓杀菌地板，简单地说是把一定量的抗菌剂（主要是二氧化钛）添加到地板材料中加工而成的。它可以使表面细菌的繁殖受到抑制，进而达到卫生、安全的目的。杀菌地板在一定时间内具有良好的杀菌作用，但如果超过一定的时间，其杀菌作用就会逐渐降低，以至于消失。国内目前还没有相应的技术检测标准，经销商所说的"杀菌"作用也无法检测。这些杀菌地板的功效为消灭常见生活病菌，如大肠杆菌和金黄色葡萄球菌等。杀菌作用也只停留在地板表面，而空气中的病菌是很难杀灭的。值得注意的是，许多商家为了追求一时的利益，浑水摸鱼，大打概念牌，甚至放大所谓的"抗菌功能"，从而误导消费者。如果消费者听信商家的话选购"杀菌地板"，很可能花大价钱买来的只是一个噱头。

Q070：混纺地毯和化纤地毯有哪些区别？

我知道地毯有纯毛、混纺、化纤、塑料等材质，纯毛地毯质量当然好，但是价格很贵，塑料地毯容易老化又不显档次，所以我打算在混纺材质和化纤材质当中选一款合适的。请问混纺地毯和化纤地毯哪个质量更好呢？它们有什么不同的特点？

A：混纺地毯是在纯毛中加入一定比例的化学纤维制成的地毯。该种地毯在花色、质地、手感等方面与纯毛地毯差别不大，装饰性能不亚于纯毛地毯，且克服了纯毛地毯不耐虫蛀的缺点，同时提高了地毯的耐磨性，有吸声、保温、弹性好、脚感好等特点。价格也适中，受到很多消费者喜欢。

化纤地毯也称合成纤维地毯，具有防燃、防污、防虫蛀的特点，清洗、维护都很方便，物美价廉，经济实用，而且质量轻、色彩鲜艳、铺设简便。但是它不具备纯毛地毯的弹性和抗静电性能，易吸尘、积尘，质感、保暖性能较差。

综合比较而言，混纺地毯比化纤地毯略胜一筹。

Q071：如何用简单的方法辨别地毯的材质？

现在地毯的材质多种多样，尤其是各种化纤材质的，名目繁多，很难辨别。各种材质的不仅质量差异很大，价格差别也很大。有没有简便可行的方法能够快速辨别出地毯的真正材质呢？

A：地毯最主要有以下四种：纯毛地毯、混纺地毯、化纤地毯、塑料地毯。想要认清地毯的材质，最简单的办法就是从地毯上取下几根绒线，点燃后根据燃烧情况及发出的气味进行鉴别。纯毛材质的地毯绒线燃烧时没有火焰，绒线会冒烟，有臭味，灰烬多呈有光泽的黑色固体，用手指轻轻一压就碎；而锦纶材质的绒线燃烧时也没有火焰，纤维会迅速卷缩，熔融成胶状物，冷却后成为坚韧的褐色硬球，不易研碎，有淡淡的芹菜气味；丙纶在燃烧时有黄色火焰，纤维迅速卷缩、熔融，几乎没有灰烬，冷却后成为不易研碎的硬块；腈纶绒线燃烧比较慢，有辛酸气味，灰烬为脆性黑色硬块；涤纶纤维燃烧时火焰呈黄白色，很亮，无烟，灰烬呈黑色硬块。

Q072：如何清洗地毯？

地毯的装饰效果很好，但是清洗起来比较费劲，我为了好看，买了一个颜色比较浅的地毯，用了过后才发现非常不耐脏，没多久就该清洗了，请问地毯清洗的步骤是怎样的？有什么需要注意的问题？

A：
1. 清洗之前应先用吸尘器将地毯里的灰尘彻底的打扫干净。
2. 用擦地机进行正确的擦洗，擦洗时加入适量的清洁剂。
3. 用专业的吸水机进行吸水工作，减少用擦地机擦洗时残留在地毯中的清洁剂含有量。
4. 用清水擦洗，同时在水中加入去味剂，以便将地毯中的异味去除。
5. 地毯用清水擦拭后，要用干净的毛巾将水分吸干，并设法尽快将地毯晾干，但切忌阳光暴晒，以免褪色。
6. 用吸尘器扒头将地毯毛理顺和卷出地毯中残留的头发。
7. 为了使地毯迅速干燥，必须对其进行吹干，最好用专业的吹干机将地毯吹干。

Q073：如何防止地毯病的发生？

我很喜欢地毯，但是老听说有什么"地毯病"，到底什么是"地毯病"呢？有什么防治的方法？

A：地毯病是日本曾出现过一种怪病，患者几乎都是幼儿，死亡率占患者的3%，随后还曾不断上升。经研究后发现，此病是由于一种叫螨的生物所引起，这种生物大量而又广泛地存在和繁殖于室内的地毯中，它身体轻盈，比灰尘还小，整天与尘埃为伍，沸沸扬扬无孔不入，被专家们形象地称为尘螨。长期生长在人体毛囊和皮脂腺内的螨虫，可能损害皮肤，把柔软光洁的面部，弄得满面丘疹、颜色深红，甚至形成酒渣鼻。此外，螨虫和它们繁殖时排泄的颗粒，作为人体的异体蛋白，经呼吸道进入肺泡，能使48%～80%的过敏性体质者发生过敏反应，使哮喘、枯草热、湿疹等疾病加重。首先，在选购地毯时要慎重，要选择质地优良的地毯，化纤和羊毛材质的地毯都易滋生细菌和螨虫。其次铺地毯前要彻底清理地面，以尽量销毁细菌和虫子的生存流动环境。再次，勤用吸尘器吸去地毯表面黏附的灰尘、垃圾，按期进行清洗消毒或晾晒。室内每天通风换气，保持干燥。不要让婴幼儿在地毯上爬滚或睡眠。必要时可以选择使用杀螨剂。

Q074：塑胶地板环保吗？

我看塑胶地板大多数用在体操房、球类运动场馆等地方，用在家庭装修当中的相对比较少，这是什么原因呢？我觉得塑胶地板挺好的，重量轻、脚感也好。是不是因为塑胶地板不环保，所以不适宜在一般家庭当中使用？

A：塑胶地板是非常环保的。这种地板使用的主要原料是聚氯乙烯，聚氯乙烯是环保无毒的可再生资源，它早已大量使用在人们的日常生活中，比如餐具、医用的输液管袋等，其环保性是无须担忧的。而且当今是一个追求可持续发展的时代，新材料、新能源层出不穷，塑胶地板是唯一能再生利用的地面装饰材料，这对于保护我们的地球自然资源和生态环境具有巨大的意义。所以这种环保、可再生的材料完全可以满足环保人士对地板的要求。实际上，塑胶地板在国外很流行，但目前的国内市场，尤其是家装市场，还没有完全打开。其原因主要是大多数中国人认为只有天然的木地板才是健康的，只有大理石才显得有档次，再加上"便宜没好货"的观念束缚，很多消费者都不愿意在家庭装修中铺塑胶地板。其实这些都是对塑胶地板的误解，相信随着时间的推移，会有越来越多的家庭开始接受这种物美价廉的地面材料。

五、石材

Q075：人造石材有哪些特点？如何挑选？

我想挑选人造石的台面，想问问人造石材都有哪些特点？环保吗？如何才能挑到优质的人造石材呢？

A：与天然石材相比，人造石具有色彩艳丽、光洁度高、颜色均匀一致、抗压耐磨、韧性好、结构致密、坚固耐用、比重轻、不吸水、耐侵蚀风化、色差小、不褪色、无毒、放射性低等优点。人造石材主要是用石粉加工而成，较天然石材薄，本身重量比天然石材轻。在家中铺设，可以减轻楼体承重。而且人造石材在环保节能方面具有不可低估的作用，是名副其实的建材绿色环保产品。但是目前各生产厂家产品的技术和质量标准不统一，国家没有相应的标准规范行业的发展，市场秩序混乱，市面上提供的人造石材生产装备的性能质量良莠不齐，生产装备厂家鱼龙混杂，很难保障市面上的人造石材的质量性能。在选购人造石材的过程中，您可以参照以下窍门：一看：样品颜色清纯不混浊，表面应无类似塑料胶质感，板材反面无细小气孔；二闻：没有刺鼻的化学气味；三摸：样品表面有丝绸感，无涩感，无明显高低不平感；四划：用指甲划石材表面，无明显划痕；五碰：相同的两块样品相互敲击，不易破碎；六查：检查产品是否有 ISO 质量体系认证、质检报告，有无产品质保卡及相关防伪标志。

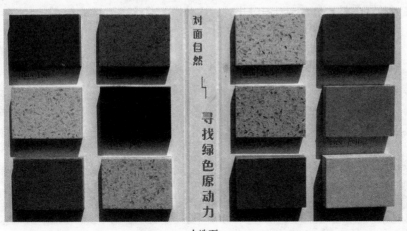

人造石

Q076：厨房的橱柜台面适合选用什么样的材料？

厨房的橱柜台面用什么材料最好？如果用石材的话，会不会太重了？是不是会影响柜体的使用寿命？

A：目前的橱柜台面种类繁多：人造石台面、防火板台面、不锈钢台面、花岗石台面等，都有防污、防烫、防刮伤等基本性能，但是从各项综合性能指标来讲，最适合现代厨房使用的还是人造石台面。在选购人造石时不用担心因为存在色差而影响橱柜效果，而且人造石表面没有孔隙，油污、水渍不易渗入其中，抗污力强，容易清洁。另外，人造石由石粉加工而成，较薄，本身的重量比天然石材轻，在应用中可以减少柜体的承重，延长使用寿命。

Q077：人造石窗台容易褪色脱落吗？

我家的窗台是用人造石铺成的，阳台全部装的是钢化玻璃，时间长了，人造石的台面会不会因为日晒雨淋等自然条件而产生变形、褪色、脱落等问题？

A：任何人造石在长期的阳光照射下，肯定会有轻微的褪色现象产生，这是必然的，尤其是窗台的位置，难免受到太阳光的侵蚀和雨淋风吹的影响。至于变形的问题，确实也很容易出现，不过只要窗台上的人造石不是特别宽大，变形不会太明显。此外关于脱落的问题，主要还得看施工师傅的手艺，有经验、手艺好的师傅会把石材贴合得很好，如果施工的时候太粗糙，石材很可能在自然条件的影响下产生严重的变形，以致脱落。

Q078：怎样挑选放射性小的天然石材？

我挺喜欢大理石的，但是天然石材总是难免存在放射性的问题，大理石里面的放射性元素一定会产生很严重的后果吗？既然如此为什么家装市场还允许存在大量的天然石材？怎样才能挑到放射性小、对人体伤害最少的天然石材呢？

A：如果家庭装修中石材的适用范围较小，那么一般而言，天然石材的放射性不会

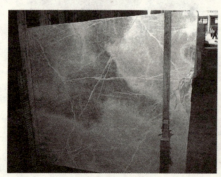

大理石

花岗石

对人体造成损害，所以符合要求的天然石材是可以用的。但是为了放心，在选购石材时要看看有没有放射性的安全许可证，根据石材的放射等级进行选择。我国将天然石材分为A类、B类、C类装修材料。A类装修材料销售和使用范围不受限制，包括家庭居室装修均可使用；如果属于"B类"的数值，表示不可用于家庭居室装修，而可用于其他一切建筑物的内外装修；如果属于"C类"的数值（即放射性辐射值偏高），则不可用于各种建筑物的内装饰装修，只能用于一切建筑物的外装饰装修。B类、C类装修材料不可用于室内装修。因此，铺在居室内的石材，最好选用A类，而且每个品种都应该有相应的检验报告。

Q079：天然石材中的放射性物质主要是什么？

都说天然石材里面含有对人体伤害极大的放射性物质，请问这些放射性物质到底是什么啊？究竟对人体有哪些危害？有没有什么解决的办法，或者，至少是可以减轻伤害的办法？

A：大理石与花岗石虽然豪华高贵，但是它们也容易产生氡等放射性气体，对人体造成伤害。氡（Rn），Ragon，原子序数为86。天然放射性元素，惰性气体，无色无味气体。固态氡呈天蓝色，有光泽。氡是镭的衰变子体，常温下氡及子体在空气中能形成放射性气溶胶而污染空气，易被呼吸系统截留，并在肺部不断累积而诱发肺癌。氡是导致人类肺癌的第一大"杀手"，是除吸烟以外引起肺癌的第二因素，世界卫生组织把它列为使人类致癌的物质之一。如果在室内装修中运用了比较多的天然石材，为了避免受到放射性物质的伤害，最简单的方法就是加强室内通风，尽可能保持室内空气新鲜；当然，为了安全起见，最好是请一个环境检测专家，来对室内的空气质量和放射性物质含量进行测评和治理。

Q080：天然石材可以直接用水冲洗清洁吗？

我家的阳台、厨房等地方都用到了天然石材，但是我不知道天然石材是不是怕水，在清洗的时候可不可以直接用水冲，或者用湿的拖把、抹布洗呢？

A：天然石材和天然木材一样，是一种会呼吸的多孔材料，因此很容易吸收水分或经由水溶解而浸入污染。石材若吸收过多的水分及污染，不可避免地会造成各种石材病变，如：崩裂、风化、脱落、浮起、吐黄、水斑、锈斑、白华、雾面等恼人问题。因此石材应避免用水冲洗或以过湿的拖把擦洗石材表面。

Q081：养护石材有哪些注意事项？

A：

1. 所有石材均怕酸碱，所以不可随意上蜡、随意使用清洗剂。市场上的水性蜡、硬脂酸蜡、油性蜡、亚克力蜡等基本上都含酸碱物质。不但会堵塞石材呼吸的毛细孔，还会沾上污尘形成腊垢，造成石材表面黄化。若必须上蜡，则要请教专业保养公司指导用蜡及保养。一般清洁剂均含有酸碱性，若长时间使用，将会使石材表面光泽尽失。

2. 不可长期覆盖地毯，杂物。为保持石材呼吸顺畅，应避免在石材面上长期覆盖地毯及杂物，否则的话石材下湿气无法通过石材毛细孔挥发出来。
3. 要彻底保持干净清洁。不论是质地坚硬的花岗石或质地较软的大理石均不耐风沙及土壤微粒的长期踩蹋。因此要不时利用除尘器及静电拖把彻底做好除尘及清洁的工作。
4. 一定要定期请专业公司派人做保养及光泽再生的维护工作，诸如：使用结晶液让大理石面再结晶、或使用抛光粉让大理石或花岗石面再生光泽、或使用抛光粉让大理石或花岗石面再生光泽、或使用透气性的光泽保护剂等等。
5. 石材怕环境湿度太大。水汽会对石材产生水化、水解及碳酸作用，产生水斑、白化、风化、剥蚀、锈黄等各种病变，摧残石材。因此石材安装场所要常保持通风干燥。

六、瓷砖

Q082：选瓷砖时怎样防止尺寸出现差错？

我听说现在瓷砖的尺寸很容易出现问题，经常和标准尺寸有误差。我知道稍微有一点点误差是难免的，但是如果每一块都有误差，那问题就比较大了。消费者除了检查产品的质检报告，还有其他的办法可以直观地看出瓷砖尺寸是否符合标准吗？

A：普通消费者凭借质检报告是很难判断瓷砖尺寸的，不妨采取一些简单的办法进行测量。比如测量瓷砖的对角线，两条线一定要一样长，如果对角线一样长，瓷砖四个角肯定是直角；另外也可以目测一下瓷砖的边是否是竖直的；最后，最好能从不同箱子（同一批次）里拿出四块砖，在自然光（不能是直射光，容易造成视角误差）的环境下，拼在一起，看是否能完全吻合，这个办法对尺寸大的瓷砖（600mm×600mm以上）尤其适用。

Q083：选择瓷砖都要考虑哪些特性？

经过全家讨论，最后达成一致，就是我家的装修选用瓷砖来铺地面，家人都说瓷砖看着干净明亮，装饰效果好。请问买瓷砖的时候都要考虑它的哪些特性？

A：选购瓷砖首先要考虑它的吸水率、平整性、强度、色差、耐磨度和尺寸。

吸水率：吸水率越低，玻化程度越好，越不易因气候变化热胀冷缩而产生龟裂或剥落。

平整性：平整性佳的瓷砖，表面不弯曲、不翘角，易施工，施工后地面平坦。

强度：抗折强度高，耐磨性佳且抗重压，不易磨损，适合公共场所使用。

色差：将瓷砖平放在地板上，拼排成1平方米，离3米观看是否有颜色深浅不同或无法衔接现象，造成美观上的障碍。

耐磨度：瓷砖的耐磨度分为5度，从低到高，5度属于超耐磨度，一般不用于家庭装饰，家装用砖在1～4度间选择即可。

尺寸：产品大小片尺寸整齐统一。

除此之外，买瓷砖还要看砖的表面是否细腻均匀，观察产品有无缺釉、斑点、裂纹、釉泡、波纹等明显质量缺陷，有以上缺陷的绝对不能选用。可用数滴带色液体滴在局部表面上涂匀，数秒钟后用湿布擦干，观察表面是否残留色点，色点多说明针孔多，易挂脏，釉面质量不高；如果擦洗不掉，说明砖的吸水率大、抗污能力差。

Q084：怎样检验瓷砖的内在质量？

现在瓷砖的种类越来越多，实在是看得眼花缭乱，可选择的多了，反而没决定到底买哪一种。我是首次置业、首次装修，也没啥经验。我家准备挑一款合适的瓷砖来装客厅地面，想买质量可靠的砖，估计以后很长一段时间内也不会换的。我该如果检验瓷砖的质量呢？方法越简单有效越好，如果太麻烦的话，我估计人家商家也会不耐烦的。

A：检验瓷砖质量如何，常见的有以下几种方法：
1. 敲。用细棍轻轻敲（或用手指弹敲）悬空的瓷砖，声音清脆说明瓷砖无裂纹、烧结程度好、强度较高；如声音发闷，说明瓷砖内可能有重皮或裂纹现象；重皮就是砖成形时，料里空气未排出，造成料与料之间结合不好、内裂，从表面上看不出来，只有听声音才能鉴别。
2. 掂。质量好的瓷砖分量都比较重、比较实，这主要是由于原材料的选择和配比，越好的瓷砖在加工时机械的压力越大，所以分量也较重。
3. 滴水。在瓷砖背面滴数滴清水，观察吸收快慢，吸收越快，吸水率越大。一般来讲，吸水率低的产品烧结程度好、强度较高、抗冻性能好，产品质量好。
4. 刮。以锐物刮擦瓷砖釉面是否有刮痕，若有刮痕表示施釉差易使人滑倒，表面的釉磨光后，砖面弄脏将无法清洗干净。

当然，技术性能的鉴别不能仅凭感觉，还必须看厂家提供的盖有CMA章的近期有效的质量检测报告证书，技术达标的产品都有国家颁发的合格证书。

Q085：玻化砖铺贴及使用注意事项有哪些？

经过比较，我们家最后选择了玻化砖作为地面装饰材料。这种砖在吸水率、边直度、弯曲强度、耐酸碱性等方面都优于普通釉面砖及一般的大理石，而且看起来很显档次。但是我周围的朋友都没有使用玻化砖的，请问我在铺贴的过程中应该留意哪些问题？

A：玻化砖由于全部是由土坯土料经过高温高压一次性烧成，使砖的表面有一些很微小的细孔，污渍容易渗入砖体。对此现在一些厂家解决的方法主要是在玻化砖表面打上一层蜡，以起到保护砖面的作用。不同品牌的瓷砖存在很大的质量差别，它们的防污性能也会不一样。所以，在施工时要注意做好保护。主要有以下几个方面：
1. 首先检查玻化砖的表面是否打过蜡，如果没有，则需要先打蜡后施工。
2. 在施工时要求施工的工人将橡皮锤用白布包裹后再使用。防污性能不好的橡皮锤敲打砖面会留下黑印。
3. 刚铺好的地砖不能在上面走动，以免造成砖面高低不平。
4. 刚铺好的地砖必须用瓷砖的包装箱（最好是防雨布）将其盖好，防止沙子磨伤砖面，以及装修时使用的涂料油漆以及胶水滴在砖上，污染砖面。
5. 在整个装修完工后，再给地砖做个彻底的保洁。

Q086：不同的功能区应该怎样挑选适合的瓷砖？

我觉得瓷砖在家庭装修中特别重要，好几个朋友家都是大面积使用各种瓷砖的。我也打算在阳台、卫生间、厨房等好几个功能区使用瓷砖来装饰，请问这些功能区有没有特殊的要求？分别适用哪些种类的砖呢？

A：厨房、卫生间的墙地面装修首选材料是陶瓷墙地砖，墙面应选用釉面内墙砖，卫生间又分干区和湿区：建议湿区采用亚光釉面砖，因为亚光釉面比光泽釉面耐水解，长期与水接触不易因产生水解反应而表面变得粗糙、发污；室内地面可以选用无釉瓷质砖（通体砖）和有釉地砖。无釉瓷质砖因其吸水率小，具有强度高、耐磨等特点，而有釉地砖其釉面抗污性能好、装饰效果丰富多彩，尤其是亚光、无光有釉砖或防滑砖，这类产品不仅防滑，而且耐磨性好。在没有采暖保温的北方高寒地区，阳台墙地面因冬季气温较低，建议采用吸水率小的外墙砖、地砖铺贴，以防因抗冻性差发生剥落、龟裂现象。

Q087：如何选择贴墙砖用的胶粘剂？

A：目前市场上常见的粘瓷砖的胶粘剂有三种：第一种是立时得快速胶粘剂，是可直接使用的产品。使用时在墙体表面和瓷砖背面薄薄涂抹一层胶液，晾置数分钟后，用手触摸胶面不粘手时上墙压合即可，使用非常方便。第二种是JD-503瓷砖胶粘剂，产品为白色粉末状，使用时加水调成黏稠胶液。这种产品不仅有很强的吸附力，同时有一定的时间可以作粘贴调整，调好的胶浆应在4小时内用完。一般抹胶厚度在3~5mm之间。第三种是903多功能建筑胶，也是直接使用的产品，这种产品粘接强度高，2小时之内可以调整，刮胶厚度为2mm，使用起来也非常方便。

Q088：厨房可以选用地面有凹凸的砖吗？

做饭、做厨房卫生的时候，难免给厨房的地面留下一些积水，如果在地面铺瓷砖，瓷砖本身就比较滑，有了水后就更滑了。现在市面上有一些表面凹凸不平的砖，用这种砖铺厨房的地面，是不是可以有效地防滑？厨房用凹凸不平的砖是否合适？

A：厨房的地面用砖，一般家庭都会使用表面平整光滑的瓷砖，但也有的家庭考虑到厨房是个用水比较频繁的地方，为了防滑或是因为家里有老人和小孩，而将厨房的地面铺上凸凹不平的地砖，更为常见的是为了增加立体感将厨房的墙壁上贴凸凹不平的瓷砖。这是很忌讳的，因为厨房本来就是一个容易藏污纳垢的地方，只要做饭，就免不了有油烟产生，很容易黏附在墙上甚至地面上，倘若选用凸凹不平的瓷砖的话，擦洗起来将会很麻烦，有的地方甚至根本无法擦到，时间一长，易形成卫生死角，影响厨房卫生环境，进而有损家人健康。所以，厨房用砖一定要平整，切忌凸凹不平。如果想要达到防滑的效果，可以选用表面平整的亚光砖或通体砖来作厨房的墙面和地面用砖，以便于清洗方便和保持厨房卫生。

Q089：卫生间为什么最好不要使用大规格墙地砖？

卫生间可以使用尺寸大一点的墙地砖吗？我发现很多人都用马赛克，我觉得大尺寸的砖清洁起来方便多了。卫生间又潮湿又容易脏，马赛克缝隙那么多，不是更难打理吗？

A：许多业主考虑到卫生间是一个很容易被弄脏的地方，所以在选择地面瓷砖的时候往往会选大规格的砖。因为相对于小规格的瓷砖来说，大规格的瓷砖打扫清理起来更方便一些。若铺设小规格的砖体，那么接缝更多，更容易藏污纳垢。其实像这些户主，他们考虑到的只是一方面，更重要的一方面往往就被他们忽略了。卫浴空间通常在 3～4m² 左右，即便卫浴空间面积较大，也不要使用规格太大的地砖，因为卫浴空间相对居室空间小，转角也多，太大的瓷砖切割频率高，浪费较大，也不便装地漏，不便地面找平，容易造成浪费。

Q090：适用于卫生间的小地砖都有哪几种？

我本人很喜欢马赛克的效果，但是卫生间大面积地铺这种小格的地砖又怕不好清洁，我想问问目前市面上适用于卫生间的小地砖都有哪些种类？价格如何？

A：卫生间墙地面的装饰材料有釉面砖、玻化砖、马赛克。如果使用釉面砖，一般品牌都有配套的小地砖，以亚光为主。这种砖的价格相对而言不是很高，几十元就可以买到比较好的产品，视具体规格而定。还有一种仿古砖也可以用在卫生间的墙地面，就是玻化砖。一般是将 600mm×600mm 的砖加工成 300mm×600mm 的规格。这种做法以前公共空间使用得比较多，现在家庭也比较常用。欧式风格的居室中也常用马赛克。这种材料的价格范围比较大，从几十元到上千不等。马赛克用在卫生间，建议局部使用比较好，若全部使用，视觉上有些杂乱，不够简洁。欧式装修还多用 10cm×10cm 的小砖，而且多以菱形造型铺设，这种铺法比铺普通材料人工费用高出好几元，而且铺贴更费时，考验工人技术水平，消费者在选择时更要谨慎一些。

Q091：怎么清洗浅色瓷砖？

装修的时候为了好看，大面积使用乳白色瓷砖，入住之后才发现打理起来真的好麻烦，特别容易脏，有些使用率高的地方还容易出现明显的划痕。请问浅色瓷砖的保养有没有什么小窍门呢？

A：浅色瓷砖的日常保养需要掌握一些小技巧，清洗时可以选用清水及洗洁精或肥皂。用肥皂清洗时加少许氨水与松节油的混合液，可使瓷砖更光洁。如有茶水或其他日常生活用品附着在瓷砖上面应及时擦洗干净，必要时应用相应清洁用品清洁。砖面如出现划痕，可在划痕处涂抹牙膏，用干布擦拭可修复。砖与砖缝隙处可不定期用去污膏去除污垢，再在缝隙刷一层防水剂可防霉菌生长。

Q092：浴室和厨房的瓷砖怎样清洗？

浴室的墙砖、地砖时间长了就有很多污垢，很难弄干净，厨房的墙砖、地砖更是难清洗，有没有什么好办法可以清除这些烦人的污垢？

A：想要清洗浴室的墙地砖，最简单的办法是将家里的食用碱拿热水溶解稀释后清洁。如果希望将浴室的瓷砖洗到洁白、发光的程度，可在肥皂水中加少许氨水。至于厨房的瓷砖，如果采用高浓度的专业清洗剂去清洁瓷砖的话，往往会对瓷砖造成一定的伤害，日后就更加容易脏，就如同用酸性洗涤剂去清理卫生洁具一样，会伤害瓷砖表面的。在日常维护的时候，应该经常用一般洗涤剂去清理，不要等到油渍太厚了才去清理。厨房灶台周围的瓷砖清洁，可用厨房油污清洁液喷洒一遍，再用抹布擦掉，或取石蜡与白醋各等量混合在一起，置于瓶中，使用前需摇晃一下，也可以达到很好的清洁效果。

七、壁纸

Q093：如何鉴别优质壁纸和劣质壁纸？

A：天然材质的壁纸属于优质的壁纸，虽然不如一般壁纸结实，但是环保。劣质壁纸和优质壁纸有以下几点区别：

1. 天然材质质轻、卷起来很松散；劣质壁纸因为是化工原料的，所以比较重，卷起来很紧密。
2. 优质壁纸透气性好，即使墙面受潮也不会发霉卷边；而劣质壁纸遇到潮湿的环境容易发霉卷边。
3. 优质壁纸无刺鼻气味，闻起来像纸一样；劣质壁纸则会散发塑料味道。

Q094：怎样鉴别壁纸的材质是天然的还是合成的？

现在市面上出现了很多合成的壁纸，我觉得还是天然材质比较好，但又怕自己不懂得鉴别，千选万选还是买不到天然材质的，有没有什么简单的方法可以快速检测出壁纸的材质？

A：天然材质壁纸大致包括纯纸壁纸、树脂壁纸、织物壁纸和草编壁纸等几种常见类型。鉴别壁纸是天然材质还是合成（PVC）材质，最简单的方法就是可以用火烧来判别。一般天然材质燃烧时无异味和黑烟，燃烧后的灰烬为粉末白灰；化纤合成材质燃烧时有异味及黑烟，燃烧后的灰为黑球状。

Q095：如何测算家装需要多少壁纸？花费大概多少？

我想用壁纸来装饰卧室的墙面，想选那种颜色比较淡雅、上面有小花图案的营造田园风格，目前不会考虑大花图案，但是我不知道怎么测算需要多少壁纸，买多了不划算，少了又怕到时候配不到颜色一致的，造成麻烦。另外，如果三间卧室都贴壁纸的话，大概需要多少钱呢？

A：壁纸的规格一般幅宽为 0.53m，长度为 10m，每卷实际数量为 $5.3m^2$，可以根据您打算贴壁纸的墙面面积来计算需要的壁纸数量。另外，在实际粘贴中，壁纸存在 8% 左右的合理损耗，大花图案的壁纸损耗更大，因此在采购时应留出消耗量。具体来说，您可以根据以下几种公式来测算自己家需要多少壁纸：
1. 地面面积 ×3（3 面墙）÷（壁纸每卷平方米数）+ 1（备用）= 所需壁纸的卷数（近似结果）。
2. 所需壁纸的总幅数 ÷ 单卷壁纸所能裁切的幅数 = 所需壁纸的卷数。
3. 所需壁纸的总幅数 = 要粘贴壁纸墙面的长度 ÷ 壁纸宽度。
4. 单卷壁纸所能裁切的幅数 = 壁纸长度 ÷ 房间高度。

价格方面，国产壁纸每卷价格在 30～70 元之间，进口壁纸在 80～600 元之间。一般而言，进口壁纸价格高于国产壁纸，天然材质的壁纸价格高于 PVC 类壁纸，期货壁纸价格高于现货壁纸，大品牌的壁纸价格高于杂牌壁纸。用所需壁纸的数量乘以所选壁纸的单价，即可得出壁纸的花费。

Q096：壁纸有哪些优点？环保吗？

我喜欢各种各样花色的壁纸，可以自由打造个性的空间。但是除了好看，壁纸还有没有其他的优点呢？它的使用寿命如何？另外，最关键的问题是壁纸环保吗？壁纸一般使用的面积都很大，如果不环保的话，再美我也不会选择的。

A：壁纸品种齐全，花色繁多，具有很强的装饰作用，不同款式的壁纸搭配往往可以营造出不同感觉的个性空间，装饰效果好。壁纸的铺装时间短，可以大大缩短工期。另外，壁纸具有相对不错的耐磨性、抗污染性，它的日常使用和保养非常方便，可洗可擦，没有其他的特殊要求。使用寿命看个人保护的情况，一般能达到 5 年左右。至于环保方面，从目前的生产和工艺上看，大部分壁纸不含铅、苯等有害物质成分，而且从应用的角度来看，越是发达的国家对环保的要求就越高，而发达的国家壁纸的需求量也远远高于我们国家。只要您选择天然材质的壁纸，再配合环保的水性胶，就能保证壁纸的环保性了。

Q097：铺贴壁纸时应注意什么？

A：铺贴壁纸应选择空气相对湿度在 85% 以下，温度也不应有剧烈变化的时候，一定要避免在潮湿季节和在潮湿墙面上施工。准备贴壁纸的墙面须平整干燥、无污垢浮尘。在铺装壁纸之前，最好在墙上先涂一层聚酯油漆以便防潮防霉。粘贴壁纸时溢出的胶粘剂液应随时用干净的毛巾擦干净，尤其是接缝处的胶痕要处理干净。施工人员的手和工具要保持高度的清洁，如沾有污渍，应及时用肥皂水或清洁剂清洗干净，以免污渍粘到新贴的壁纸或壁布上。

Q098：更换壁纸应该怎么操作？

壁纸的使用寿命相对比较短，过个三五年，肯定会涉及更换壁纸的问题，况且有时候一时兴起选择了不耐看的花形，过一段时间就看厌了，也需要更换壁纸。我想问，更换壁纸是不是很麻烦呢？应该如何操作？

A：要更新墙纸，只需将老墙纸表层一角揭开后全部剥离撕去，纸基留在墙上。如纸基与墙粘接牢固，新的墙纸则可直接裱贴其上。墙面如有损坏，则需打腻子重处理，再刷清油，干后即可贴新墙纸。现在新型的天然木浆及木纤维壁纸可直接在上面重复张贴，减去很多麻烦和材料浪费，更换起来更容易。

Q099：如何保养壁纸？

我很喜欢壁纸，但是又担心贴上去以后的保养问题，墙面虽然不像地面那样容易脏，但时间久了也必然会存在灰尘和污渍，壁纸肯定怕水啊，那么我该怎样清洁它呢？日常保养还需要注意些什么？

A：

1. 壁纸容易发生受潮发生变形等问题，为了防潮，铺贴壁纸后，白天应打开门窗，保持通风；晚上要关闭门窗，防止潮气进入，同时也防止刚贴上墙面的墙纸被风吹得松动，从而影响粘贴的牢固程度。
2. 应当定期对壁纸进行吸尘清洁，日常发现特殊脏迹要及时擦除，目前有一种耐水壁纸，对耐水壁纸可用水擦洗，洗后用干毛巾吸干；对于那些不耐水壁纸则要用橡皮等擦拭，或用毛巾蘸些清洁液拧干后轻擦。
3. 平时要注意防止硬物撞击、摩擦壁纸。倘若有的地方接缝开裂，要及时予以补贴，不能任其发展。
4. 避免将杀虫剂等有机溶剂直接喷洒到墙纸表面，否则会造成墙纸发生化学反应而变色。

Q100：怎样判断水泥的好坏？

在家庭装修当中，水泥是不可或缺的辅材。市面上的水泥种类很多，我也不知道该怎么才能选到质量好的。请问水泥质量的好坏怎么判断呢？最好是有一些简单好用、能当场分辨出质量优劣的方法。

A：要想鉴别水泥质量的优劣，可以参照下面的方法：

1. 水泥的纸袋包装完好，标志完全。纸袋上的标志有：工厂名称、生产许可证编号、水泥名称、注册商标、品种（包括品种代号）、标号、包装年、月、日和编号。不同品种水泥采用不同的颜色标志，硅酸盐水泥和普通硅酸盐水泥用红色、矿渣水泥用绿色，火山灰水泥和粉煤灰水泥用黑色。
2. 用手指捻水泥粉，感到有少许细、砂、粉的感觉，表明水泥细度正常。
3. 观察色泽是深灰色或深绿色，色泽发黄、发白（发黄说明熟料是生烧料，发白说明矿渣掺量过多）的水泥强度是比较低的。

4. 无受潮结块现象。一定要看清水泥的生产日期。水泥也有使用期限，超过有效期30天的水泥性能有所下降。储存3个月后的水泥其强度下降10%～20%，6个月后降低15%～30%，一年后降低25%～40%。优质水泥,6小时以上能够凝固。超过12小时仍不能凝固的水泥质量不好。

八、涂料和油漆

Q101：防水涂料常用的有哪些种类？

A：目前市场上用于家装的防水材料种类很多，但无非就是两大类，即硬性、柔性两大类。硬性防水涂料以防水砂浆为代表，柔性防水涂料以聚氨酯类为代表，这两大类防水涂料是目前家装领域大多选用的主流产品。

硬性防水涂料（有人叫它刚性防水涂料）具有无毒无味、施工简单快捷等优点，但是它不抗裂，遇有楼体因沉降等原因造成的相关变化则会有裂缝导致漏水，一般稳定性稍差的砖混结构楼体、有非承重墙的厨房和卫生间尽量不要使用这种防水涂料。

聚氨酯类的柔性防水涂料同样具有施工简单快捷等优点，由于它具有良好的柔韧度，其抗裂变的功能尤其突出，适用于任何结构的楼体，在涂刷涂膜时一定要分遍进行（要求三遍以上），三遍涂膜层总厚度应不少于1.5mm。这种防水涂料的不足之处在于味道比较大。

此外，有的施工队伍为了节省成本，偷工减料，用沥青来替代防水涂料，根本不能达到良好的防水效果，业主一定要在这个问题上多加注意，购买正规的防水涂料。

Q102：防火涂料真的防火吗？

涂料市场的防火涂料卖得很火，我以前也听说过这种涂料，但是对它的防火性能有怀疑，它真的能防火吗？原理是什么呢？涂了防火涂料，屋里的东西就燃不起来吗？

A：目前常见的涂料按功能可分为：装饰涂料、防腐涂料、导电涂料、防锈涂料、耐高温涂料、示温涂料、隔热涂料、防火涂料、防水涂料等。其中防火涂料可以说是所用最广泛的。防火涂料是用于可燃性基材表面，能降低被涂材料表面的可燃性、阻滞火灾的迅速蔓延，用以提高被涂材料耐火极限的一种特种涂料。防火涂料涂覆在基材表面，除具有阻燃作用以外，还具有防锈、防水、防腐、耐磨、耐热，以及涂层坚韧性、着色性、黏附性、易干性和一定的光泽等性能。很多人望文生义，都认为防火涂料真的可以防火，但实际上这种看法是不对的，"防火涂料"更应该被称作"耐火涂料"。它是一种涂刷在被保护物表面的被动防火材料，任何被保护的物体都有承受大火考验的极限值，无论什么结构的建筑遇火时间久了都是会倒塌的。防火涂料的作用是能在被保护物体表面起到隔离的作用，延缓建筑坍塌的时间，为营救和灭火争取到宝贵的时间。确切地说，防火涂料也有它的耐火极限，超过耐火极限以后，被保护的物体表面还是会着火的。

Q103：防腐涂料一般适合用在哪些地方？

我听说有一种防腐涂料，可以起到防止腐蚀的作用，我想知道这种防腐涂料一般适用于哪些地方呢？金属和木制品表面都可以用吗？

A：防腐涂料一般分为常规防腐涂料和重防腐涂料，是油漆涂料中必不可少的一种涂料。常规防腐涂料是在一般条件下，对金属等起到防腐蚀的作用，保护有色金属使用的寿命，只能使用在金属制品的表面。重防腐涂料是相对常规防腐涂料而言的，能在相对苛刻的腐蚀环境里应用，比常规防腐涂料保护期更长。防腐涂料在家庭装修中一般多用在煤气管道或是天然气管道及其设施方面，如煤气柜等用常规防腐材料就可以了，重防腐材料一般不用在家庭装修当中。

Q104："净味涂料"就是好涂料吗？

现在出现了好多"净味涂料"，如果用这种涂料刷墙的话，房间里面不会残留刺鼻的味道，我知道很多劣质的涂料就是有很难闻的味道的。"净味涂料"不只一些大品牌有，一些不知名的小牌子也有，价格相差很大。是不是所有的"净味涂料"都是环保的好涂料？

A：目前市场上打着"净味"旗号的涂料有两种。一种是通过在乳液中添加工业元素，使其与乳液发生化学反应，从而中和掉一些有害气体。这种方法需要很高的技术含量和成本，目前只有少数大品牌能生产这类产品。另一种是在涂料中加入香精掩盖产品本身刺鼻的味道，这实际上是"伪净味技术"，根本达不到保护室内环境的目的。如果闻到水果香或茶香等气味，多数就只能算是"香味涂料"，绝非真正的"净味涂料"。最好不要购买添加了香精的涂料，因为添加剂本身就是一种化工产品，很难环保，过量的香精对人体健康会造成极大的危害，对空气产生二次污染。

Q105：如何挑选乳胶漆？

据我所知，目前乳胶漆在中国家庭装修中的使用比较普遍，质量也参差不齐，出现过的问题报道得也挺多的。我想知道怎么才能选到质量合格的乳胶漆呢？

A：

1. 首先看水质溶液。涂料在贮存一段时间后，会出现分层现象，涂料颗粒下沉，在1/4以上形成一层水质溶液，在选择时我们可以看到这层液体呈无色或微黄色，较清晰干净，无漂浮物或很少，这说明涂料质量很好。若胶水溶液呈混浊状，呈现出涂料颜色或内部漂浮物数量很多，甚至布满溶液表面，说明涂料质量不佳或贮存保质期已过，不宜使用。
2. 看涂料颗粒细度。我们可用一杯清水来检验，取少量涂料放入水中，轻轻搅动后，若杯中水仍清澈见底，涂料颗粒在清水中相对独立，没有黏合现象，且颗粒大小较均匀，说明涂料质量很好。如果一经搅动，杯中水立即变混浊，且颗粒大小分化，说明涂料质量不过关，不用为佳。
3. 用小棍搅起一点乳胶漆，能挂丝长而不断均匀下坠的为好。
4. 用手指粘一点乳液捻一捻，无砂粒之毛糙感，用水冲洗时有滑腻感，正品乳胶漆应该手感光滑、细腻。
5. 闻一闻有无强烈刺激味。刺激味强烈的乳胶漆，其毒性可能比较大，真正的环保涂料应该是水性的，无毒无味；此外，最好不要购买添加了香精的涂料，因为添加剂本身也是一种化工产品，很难环保。
6. 将涂料涂刷于水泥地板上，等涂层干后，用湿布擦拭，正品的颜色光亮如新，而次品由于黏结和耐水性差，轻轻一抹，就会褪色。
7. 要注意涂料的生产日期和保质期，过期的涂料决不可购买，否则后患无穷。
8. 进口涂料最好选择有中文标志及说明的产品。

Q106：如何计算乳胶漆的用量？

我家准备买一个名牌的乳胶漆产品，但是不知道怎么计算用量。这牌子的漆挺贵的，买多了白放着可惜了，另外，我打算自己稍微调一下颜色，如果主色买少了，又担心以后配的颜色有差别，不好看。有没有什么计算公式可以算出需要的乳胶漆用量？

A：按照标准施工程序的要求，底漆的厚度为 $30\mu m$，5升底漆的施工面积一般在 $65\sim 70m^2$；面漆的推荐厚度为 $60\sim 70\mu m$，5升面漆的施工面积一般在 $30\sim 35m^2$。底漆用量＝施工面积（平方米数）÷70；面漆用量＝施工面积（平方米数）÷35，计算所得的数值就是需要的乳胶漆的升数。

Q107：如何保存乳胶漆？

我家内墙刷完了，还剩下两整桶乳胶漆，还没打开过的，想自己存放，万一以后需要补刷，方便一些。但是我不知道如何保存才不会变质？有没有什么特别的要求？

A：乳胶漆的保存相对简单，没有什么特别的要求，用盖子将乳胶漆桶盖好后放在阴凉的地方就可以了。此时，装修家庭需留意乳胶漆保质期。通常，兑过水的乳胶漆保存时间为 10～20 天，没有兑水的乳胶漆也应在保质期内使用，乳胶漆在开封后一般只能保存半年。

Q108：油漆中的有害物质主要是什么？

我知道油漆当中有一些有害物质，但不清楚具体是什么有害物质，这些物质一旦进入人体，会产生哪些不良反应？

A：油漆由主剂、固化剂、稀释剂三部分组成。这三种物质对人体都是有害的。

1. 主剂：油漆主剂中含有大量的甲苯、二甲苯。甲苯、二甲苯为中度危害级物质，能损害人的造血机能，引发血液病，也可致癌，诱发白血病。
2. 固化剂：油漆固化剂当中含有 0.7% 的 TDI（甲苯二异氰酸酯）。TDI 在国家标准 GB5044-85 中被列为高度危害级物质。能诱发皮疹、头晕、免疫力下降、呼吸道受损、哮喘等过敏反应。
3. 稀释剂：稀释剂主要由二甲苯、甲苯、醋酸丁酯等组成。三者均为中度危害级物质。能长期蓄积于中枢神经系统，导致大脑细胞受损，引发慢性溶剂中毒综合征，使儿童智力降低。此外，油漆散发的气体主要是有机溶剂，人如果长时间吸入有机溶剂的蒸气，将会引起慢性中毒，但短时间暴露在高浓度有机溶剂蒸气之下，也会有急性中毒致命的危险。

Q109：油漆中的有机溶剂会通过哪些途径危害人体健康？

油漆散发的有机溶剂会通过哪些途径进入人体，从而给人体健康带来威胁的呢？我只知道可以通过呼吸道进入人体，其他还有哪些途径？另外，有机溶剂中毒有哪些明显的症状？

A：

1. 经由皮肤接触引起危害：有机溶剂蒸气会刺激眼睛黏膜而使人流泪；与皮肤接触会溶解皮肤油脂而渗入组织，干扰生理机能、脱水；且因皮肤干裂而感染污物及细菌。
2. 经由呼吸器官引起危害：有机溶剂蒸气经由呼吸器官吸入人体后，往往会对人产生麻醉作用。蒸气吸入后大部分经器官而达肺部，然后经血液或淋巴液传送至其他器官，造成不同程度的中毒现象。
3. 经由消化器官引起危害：如果在污染了溶剂蒸气的场所进食、抽烟或手指沾口等，有毒物质会首先侵入口腔，进入食道及胃肠，引起恶心、呕吐现象，然后再由消化系统，危害到人体其他器官。

有机溶剂中毒的一般症状为头痛、倦怠、食欲不振、头昏等。高浓度的急性中毒会抑制人的中枢神经系统，使人丧失意识，而产生麻醉现象，初期引起兴奋、昏睡、头痛、目眩、疲倦感、食欲不振、意识消失等；低浓度蒸气引起的慢性中毒则会影响血小板、红细胞等造血系统，鼻孔、齿龈及皮下组织出血，造成人体贫血现象。

Q110：如何挑选油漆？

俗话说，三分木工，七分油工。油工是脸面上的活，如果在市场上买了有质量问题的油漆，效果会大受影响。低档劣质的油漆光泽不匀，易发黄变脆、龟裂剥落，不但浪费优质板材，而且破坏整体装修效果。高质量的油漆不但可以弥补前期装修的缺陷，而且可以提高整个装修的品位和档次，为家居赋予更丰富的修养与内涵。但油漆外观并无明显差异，在没有专业设备的情况下不好选择，有没有可操作性强的挑选窍门呢？

A：关于油漆，有几种最简易实用的选择方法：

望。首先，判断一下油漆店是不是专卖店，只有品牌油漆才肯做专卖店，这类店的油漆质量、环保性能和服务承诺可靠性高；其次，挑选油漆时要观察其颜色，环保型油漆选用进口原料配制，亮光漆色泽水白、晶莹透明，亚光漆呈半透明轻微浑浊状，无发红、泛黑和沉淀现象；第三，环保型油漆外包装印刷精美，字迹清晰。

闻。一般来说，环保型油漆气味温和、淡雅，芳香味纯正；劣质漆一打开漆罐，就散发出一股强烈的刺鼻气味或其他不明异味。目前部分劣质漆也有香味，就像劣质香水一样，这时就要怀疑苯超标。苯为一种无色具有特殊芳香味的液体，专家们称之为"芳香杀手"，对人体健康有很大的危害，消费者在选用时应注意辨别。

问。买漆时应仔细询问其价格、环保安全性、质量承诺、服务承诺和油漆样板等，通过经销商对油漆质量、价格、环保性、售后服务等问题的解答及其提供的各种证书、国标检验报告进行综合分析判断，是不是环保型油漆立即就能辨别出来。

切。买包装最重的：将油漆桶提起来，晃一晃，如果有稀里哗啦的声音，说明包装严重不足，缺斤少两，黏度过低，正规大厂真材实料，晃一晃几乎听不到声音。

九、门窗

Q111：目前市面上的成品木门有哪几种？各有什么特点？

原来我本打算自己请木工做门的，但是后来我发现似乎市场上木门的种类、颜色、质量各方面都不错，比自己做的要精致多了，还省事，所以就放弃了原来的想法，想买一个成品木门。我想知道目前成品木门有哪几种？各有哪些特点？在选购的时候要注意些什么问题？

A：目前市面上最常见的成品木门有实木门、实木复合门、模压门这三种。

实木门是以取材自森林的天然原木做门芯，经过干燥处理，然后经下料、刨光、开榫、打眼、高速铣形等工序科学加工而成。实木门所选用的多是名贵木材，如樱桃木、胡桃木、柚木等，经加工后的成品门具有不变形、耐腐蚀、无裂纹及隔热保温等特点。同时实木门因具有良好的吸声性，从而有效地起到了隔声的作用。

实木复合门的门芯多以松木、杉木或进口填充材料等黏合而成，外贴密度板和实木木皮，经高温热压后制成，并用实木线条封边。一般高级的实木复合门，其门芯多为优质白松，表面则为实木单板。由于白松密度小、重量轻，且较容易控制含水率，因而成品门的重量都较轻，也不易变形、开裂。另外，实木复合门还具有保温、耐冲击、阻燃等特性，而且隔声效果同实木门基本相同。

模压木门是用干木方根据相应造型做骨架，并在骨架上双面粘贴带造型和仿真木纹的高密度纤维模压门板皮，经机械压制而成。由于门板内是空心的，自然隔声效果相对实木门来说要差些，并且不耐磕碰。模压门具有防潮、膨胀系数小、不开裂、抗变形的特性。模压木门因价格较实木门经济实惠，且安全方便，因而受到中等收入家庭的青睐。

Q112：纯实木门才是最好的吗？

我看中了一款复合门，感觉门板质量还不错，价格也适中。但是家人非要买纯实木门，说只有纯实木门质量可靠。我们都是普通工薪阶层，这次装修也只是简装。实木门价格比复合门贵，而且花纹没有复合门好看，样式也比较单一，我并不是很满意。真的只有纯实木门才是质量可靠的吗？复合门真的比实木门更容易变形？

A：纯实木门多用名贵木材做门芯，确实具有很多优点，如不变形、耐腐蚀、隔热保温等，但价格比较昂贵，并不适合中低端家庭装修。就稳定性来说，优质的纯实木门确实比复合门要略胜一筹。不过事实上，优质的实木复合门在其他性能方面并不逊色于纯实木门，而且造型更加丰富多样，还非常环保、坚固耐用，价格也相对低廉，非常适合普通家庭选用。如果保养得当，复合门的使用寿命也不会比实木门差多少。

Q113：挑选木门应注意哪些细节？

A：无论是传统实木门还是现代实木复合门，所用的木材因其材质、纹理等差异，有明显的高、中、低档之分，市场价格也相差很大。红松、杉木、柞木等属于较低档的木门用材，高档的有胡桃木、樱桃木等。高档实木的价值和质量远远超过低档的实木，特别是很多低档实木，由于脱水处理不过关（木门所用木材通常要求烘干，相对含水率在8%～12%），做成木门后易发生变形、开裂。现在的木门大都采用高档木皮贴面，而且往往价格不菲，其产品质量、产品档次、外观效果也比低档全实木门高出许多。大家在购买木门时要先看该产品是否具有国家制定的产品认证书，而且一定注意查看产品认证书上有关部门检测的木门类别，以免上当。

实木门

选购实木门时应注意：实木装饰门的含水率应低于12%，材料标准同其他木制品，加工应精细，无毛刺。

选购实木复合门时应注意：门扇内的填充物饱满，门边刨修的木条与内框连接牢固，装饰面板与框黏结牢固，无翘边、裂缝，板面平整、洁净，无节疤、虫眼、裂纹及腐斑，木纹清晰、纹理美观。

选购模压门时应注意：贴面板与框连接牢固，无翘边、裂缝，门扇边刨修过的木条与内框连接牢固，内框横、竖龙骨排列符合设计要求，安装合页处应有横向龙骨，板面平整、洁净，无节疤、虫眼、裂纹及腐斑，木纹清晰、纹理美观，板面厚度不得低于3mm。

Q114：木门刷什么样的油漆比较好？

我家是自己请木工做的门，目前都已经快完工了，我想知道的是木门刷什么油漆最好呢？一定不要那种漆膜容易掉的油漆，用这样的漆刷门，简直太"山寨"了。我想要那种比较低调，但是很显档次的效果，至少不要看起来质量那么次，毕竟涉及"门面"问题，还是很重要的。

A：油漆作为套装木门工厂加工的后期工艺，直接影响着质感、手感、防潮、环保、耐久、耐黄变等问题。目前刷木门的油漆大量使用的是硝基漆、聚酯漆及高档家具上使用的PU漆。硝基漆施工比较简单，适合手工操作，但其漆膜薄，手感不好，效果不理想。聚酯漆相对来讲漆膜厚重，但其稀释剂在挥发时含有氢气，而且漆膜硬度稍弱。最理想的要数 PU 漆，PU 漆不但有聚酯漆漆膜厚重、附着力强、透明层次好的优点，同时它的密封性也好，在门的防潮方面有着非常重要的作用，PU 漆的硬度、耐久性、耐黄变性及环保性也是其他油漆无法比拟的。如果您选择自己做木门的话，最好选择优质的 PU 漆。

Q115：防盗门的锁点越多越防盗吗？

防盗门是否防盗关键在于锁点的多少吗？我去买防盗门的时候，卖家总是极力推荐锁点多的，而锁点多的门往往要贵很多，一般家庭使用的防盗门需要多少个锁点呢？

A：不是。防盗门锁点的作用在于防撬，但真正控制锁点伸缩启闭的却是锁芯，任何防盗门锁点再多，但锁芯却始终只有一个，只要锁芯被开启，所有的锁点也就统统能被打开了，所以对防盗门的选购者来讲，注重防盗锁锁芯质量的好坏才是关键。锁芯是防盗锁的核心，一般来讲，防盗门上下左右各有一个锁点，即 4 个锁点其实就足够了。锁点一多，往往标价也就水涨船高。事实上并非锁点越多就越防盗，防盗门的安全等级才能表明它的防盗性能。防盗门的安全级别可分为 A 级、B 级和 C 级，其中 C 级防盗性能最高，B 级其次，A 级最低，一般建材市场里销售的大部分都是 A 级防盗门，一般家庭使用 A 级防盗门就足够了。

防盗门锁

Q116：怎样用简单的方法检测防盗门的质量优劣？

防盗门的种类如此之多，怎样才能知道它内部的质量如何呢？还有防盗门的门锁，这可是最关键的，有没有简单的方法可以检测防盗门的质量和防盗性能？

A：合格的防盗安全门门框的钢板厚度应在 2mm 以上，门体厚度一般在 20mm 以上，门体重量一般在 40 千克以上。拆下猫眼、门铃盒或锁把手可以看到门体内有数根加强钢筋，将门体前后面板有机地连接在一起。门内最好有石棉等具有防火、保温、隔声功能的材料作为填充物，用手敲击门体会发出"咚咚"的响声。在防盗门的工艺方面，应特别注意检查有无焊接缺陷，诸如开焊、未焊、漏焊等现象。看门扇与门框的配合是否密实，间隙是否均匀一致，开启是否灵活，所有接头是否密实，油漆电镀是否均匀牢固、光滑等。另外，大多数门在门框上还嵌有橡胶密封条，关闭门时不会发出刺耳的金属碰撞声。至于门锁，首先应当检查门锁是否是采用经公安部门检测合格的防盗专用锁，在锁具处应有 3mm 以上厚度的钢板进行保护。合格的防盗门一般采用三方位锁具，不仅门锁锁定，上下横杆都可插入锁定，对门加以固定。劣质品一般不具备三点锁定或自选三点锁定结构，实际起不到防盗的作用或经常出现故障。

Q117：市面上的窗户有哪些种类？各有哪些优缺点？

A：目前市面上常见的窗户开启方法包括：
1. 推拉式（包括左右推拉式、上下推拉式）；
2. 平开式（包括内开式和外开式）；
3. 上悬式。

推拉窗的优点是简洁、美观，窗幅大，玻璃块大，视野开阔，采光率高，擦玻璃方便，使用灵活，安全可靠，使用寿命长，在一个平面内开启，占用空间少，安装纱窗方便等。目前采用最多的就是推拉窗。缺点是两扇窗户不能同时打开，最多只能打开一半，通风性相对差一些，有时密封性也稍差。

平开窗的优点是开启面积大，通风好，密封性好，隔声、保温、抗渗性能优良。内开式的擦窗方便，外开式的开启时不占空间。缺点是窗幅小，视野不开阔。外开窗开启要占用墙外的一块空间，刮大风时易受损；而内开窗更是要占去室内的部分空间，使用纱窗也不方便，如果质量不过关，还可能渗雨。

上悬式窗是在平开窗的基础上发展出来的新形式。它有两种开启方式，既可平开，又可从上部推开。平开窗关闭时，向外推窗户的上部，可以打开一条10cm左右的缝隙，也就是说，窗户可以从上面打开一点，打开的部分悬在空中，通过铰链等与窗框连接固定，因此称为上悬式。它的优点是：既可以通风，又可以保证安全，因为有铰链，窗户只能打开10cm的缝，从外面手伸不进来，特别适合家中无人时使用。最近，这种功能已不仅局限于平开的窗子，推拉窗也可以上悬式开启。

Q118：塑钢门窗分为哪些种类？如何选择？

都说现在塑钢门窗最流行，我想知道究竟什么是塑钢门窗？现在都有哪些种类的塑钢门窗是比较常用的？另外，在购买的时候，应该注意些什么？

A：以聚氯乙烯（UPVC）树脂为主要原料，加上一定比例的稳定剂、着色剂、填充剂、紫外线吸收剂等，经过挤压出成型材，然后通过切割、焊接或螺接的方式制成门窗框扇，配装上密封胶条、毛条、五金件等，同时为增强型材的刚性，超过一定长度的型材空腔内需要填加钢衬（加强型钢），这样制成的门和窗，称之为塑钢门窗。塑钢窗从构造上可分为单玻（单层玻璃）和双玻、三玻三种。按开启方式分类可分为平开窗、平开门、推拉窗、推拉门、固定窗、中旋窗、下旋窗等。

塑钢窗

选购塑钢窗首先要选择型材。选择型材的壁厚应大于 2.5mm，框内应嵌有专用钢衬，内衬钢板厚度不小于 1.2mm，内腔应为三腔结构，具有封闭的排水腔和隔离腔、增强腔，这样才能保证窗户使用几十年不变形。其次要重视表面质量。窗表面的塑料型材色泽应为青白色或象牙白色，洁净、平整、光滑，大面无划痕、碰伤，焊接口无开焊、断裂。颜色过白或发黄，说明其材质内的稳定成分不够，日久易老化变黄。质量好的塑钢门窗表面应有保护膜，用户使用前再将保护膜撕掉。另外，还要重视玻璃和五金件。玻璃应平整、无水纹，安装牢固；若是双玻夹层，夹层内应没有灰尘和水汽，不要选用非中空玻璃单框双玻门窗。玻璃与塑料型材不能直接接触，应有密封压条贴紧缝隙。五金件应齐全、位置正确，安装牢固，使用灵活。高档门窗的五金件都是金属制造的，其内在强度、外观、使用性能直接影响着门窗的性能。许多中低档塑钢窗选用的是塑料五金件，其质量及寿命都存在着极大的隐患。需要特别注意的是，一定要检查门窗厂家有无当地建委颁发的生产许可证，千万不要贪图便宜，采用街头作坊生产的塑钢窗，其质量与信誉都是无法保证的。

Q119：如何检查铝合金窗的质量是否达标？

我想买几扇铝合金窗，想问问优质的铝合金窗需要达到哪些标准，在选择的时候有没有可以参考的数据？

A：优质的铝合金窗，加工精细，安装讲究，密封性能好，开关自如，应选用不锈钢或镀锌附件。劣质的铝合金窗，盲目选用铝型材系列和规格，加工粗制滥造，以锯切割代替铣加工，密封性能差，开关不自如，不仅漏风漏雨和出现玻璃炸裂现象，而且遇到强风和外力，容易将推拉部分或玻璃刮落、碰落，毁物伤人。铝合金窗在材质用料上主要有 6 个方面可以参考：

厚度：铝合金推拉窗有 55 系列、60 系列、70 系列、90 系列 4 种，系列数表示厚度构造尺寸的毫米数。系列选用应根据窗洞大小及当地风压值而定。用作封闭阳台的铝合金推拉窗应不小于 70 系列，其壁厚一般为 1.2~2.0mm。

强度：抗拉强度每平方毫米应达到 157N，屈服强度每平方毫米应达到 108N。选购时，可用手适度弯曲型材，合格品松手后应能恢复原状。

色度：同一根铝合金型材色泽应一致，如色差明显，则不宜选购。

平整度：检查铝合金型材表面，应无凹陷或鼓出现象。

光泽度：应避免选购表面有开口气泡（白点）和灰渣（黑点），以及裂纹、毛刺、起皮等有明显缺陷的型材。

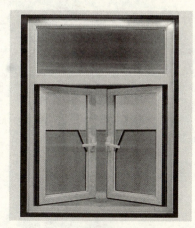

铝合金窗

氧化度：氧化膜厚度应达到 10μm。选购时可在型材表面轻划一下，其表面的氧化膜不应被轻易擦掉。

Q120：如何挑选合格的隔声窗户？

我家的房子是临街的，晚上会比较吵，所以我想选择隔声效果比较好的窗子。隔声窗有没有相关的认证凭据？隔声窗户的安装对隔声效果的影响大吗？

A：隔声窗是有认证凭据的。消费者可以向厂商索要有资质单位检测的隔声检测报告，以了解门窗的隔声量。注意隔声量不要低于 30dB，一般隔声量越高，隔声窗价格越贵。隔声窗的安装是否符合规范对隔声效果的影响很大。所以在购买隔声窗的时候，需要询问厂商能否保证安装后的效果。如果无法保证效果，往往安装后的效果较差。为了保障消费者的利益不受到伤害，一定要事先签好合同，要把治理后所要达到的效果写清楚，如降低多少分贝，达到什么样的效果等，工程完工后要求进行验收，检查是否达到预期效果。由于每个人对声音的敏感程度是有差异的，因此最好选择能够针对根据您所在地的噪声环境进行优化设计的隔声窗，以达到最佳效果。除此之外，还要确定厂商的隔声窗选材、生产工艺等是否合格。隔声窗和普通门窗不同，对选材要求极高，高隔声量的隔声窗所用的玻璃、型材、密封材料等都需要经过反复多次试验和检测才能定型；另外，隔声窗对整个生产制作的工艺精度也要求很高。为此，消费者应谨慎查验，以避免买到质量不高的产品，损害自己的利益。

十、吊顶

Q121：厨房适合选择什么样的吊顶？

厨房不仅油烟大，而且温度高、水汽重，那么厨房的吊顶选择什么材质比较好呢？我的一个朋友推荐PVC吊顶，不知道它是否适合用在厨房？

A：目前用于厨房的吊顶材料主要分PVC材料、铝扣板、铝塑板以及石膏板和一些木质材料。PVC材料属于塑料制品，易老化，而厨房经常处高温环境，时间长了容易变脆变形，或在擦洗时断裂，边角也比较难处理。至于铝扣板材料清洗的难易则主要看它的厚度和表层覆膜，如果覆膜好，则容易清理，如果覆膜过薄则很易擦破或在擦洗时候变形。铝塑板吊顶效果好也易清理，但如安装基材使用木材，防火性能就要打折扣了，有安全隐患。由此可见，尽管PVC材料价格比较便宜，但用于厨房中材料老化速度快，因此不建议选用。而铝塑板安全系数低，也不提倡一般家庭使用。厨房中最理想的吊顶材料是铝扣板。但挑选时一定注意检查厚度与覆膜的硬度。如果选用其他材料的吊顶，应注意采取防潮防火等措施。

Q122：卫生间可以用防水石膏板做吊顶吗？

前一阵子我家卫生间吊顶上莫名其妙地出现了大片的水渍，不知道是什么原因造成的。后来请专业人士检查，人家说是因为楼上漏水了，而我家的卫生间吊顶是用防水石膏板装的。听到这样的结果，我有些不解，防水石膏板不是防水的吗？当时装吊顶的时候还是下了很大工夫的啊，为什么会出现这种情况呢？

A：为了保持装修风格的统一性，很多人在装修卫生间时吊顶没有采用传统的铝扣板，而以防水石膏板代替，没想到楼上一漏水，整个石膏板吊顶也被水泡了，留下许多难看的水痕。防水石膏板主要是用于防止室内水汽，通过表面防水层的阻隔保护石膏板内部不受损害，但如果水从楼上漏下来情况就不一样了。防水石膏板背面没有粉刷防水漆，而石膏板吊顶通常封堵较严，少量漏水很难被及时发现，使水分长期积存在石膏板内，浸泡会导致防水石膏板出现粉化。所以进行卫生间装修时，最好使用金属扣板吊顶，其不仅耐用性能好，而且拆卸方便，容易清洗，发生漏水也容易修理。如果确实想用防水石膏板做吊顶，施工前一定要仔细检查楼上住户的防水情况，并建议用双层防水石膏板，同时预留检查口，可以随时发现漏水情况。此外，为了保险起见，最好在防水石膏板的背面也涂上一层防水漆，这样可以延长石膏板的使用寿命。

Q123：铝扣板、PVC板、纸面石膏板各有哪些挑选技巧？

A：铝扣板有很多种规格，包括板材的面板宽度、厚度、折边的高度等，市场上有方形和条形两种选择，板材表面又分为有冲孔和平面两种。表面冲孔可以通气、吸声，扣板内部铺有一层薄膜软垫，潮气可透过冲孔被薄膜吸收，所以它最适合水分较多的厨卫使用。在挑选铝扣板的时候要注意：

铝扣板

1. 查看其铝质厚度。厚度不宜低于0.6mm，否则容易造成塌腰现象。选择时要注意商家是否通过加厚烤漆层来增加整体厚度，这种铝扣板不要购买。
2. 检查材质的真实性，以防不法厂商用不锈铁假冒铝材，是纯铝材还是不纯铝材或者不锈铁，可以用磁铁来验证，纯铝材不吸磁，而次质铝材或假铝材能吸磁。
3. 鉴别铝扣板除了要注意表面的光洁度外，还要观察板子薄厚是否均匀、是否双面烤漆，用手捏板子感觉一下，弹性和韧性是否够好。

PVC吊顶型材是近年来发展起来的吊顶装饰材料，具有安装简便、防水、防潮、防蛀、耐污染、好清洗、隔热、隔声等优点，特别是新工艺中加入了阻燃材料，使其能离火即灭，使用更安全。PVC吊顶型材广泛应用于卫生间、厨房、阳台等部位，选购时要掌握的要点为：

1. 测外观质量，板面应平整光滑、无裂纹、无磕碰，企口及凹榫加工应完整，能装拆自如，表面有光泽、无划痕。
2. 敲击板面应声音清脆，用手弯曲板材应有较大的弹性。
3. 闻板材的气味，如果有强烈的刺激性气味则对身体有害，不要选择。

纸面石膏板在家庭装修中运用也很广泛，各种品牌的产品质量良莠不齐，因此在选

PVC板

纸面石膏板

择吊顶纸面石膏板时，一定要注意：
1. 纸面与石膏不要脱离，黏结度要好。
2. 纸面石膏板的含水率应小于2.5%，厚度应该不少于9mm。
3. 最好试试石膏强度，可用指甲掐一下石膏是否坚硬，如果手感松软，则为不合格产品，用手试着掰石膏板的角，如果易断、较脆，均为不合格产品。

Q124：在吊顶上安装灯具应注意什么？

客厅做了吊顶之后，我想在吊顶中央安装一个水晶灯。那个灯的重量我感觉比较沉（没称过，只是掂量的感觉），但是我特别喜欢那个水晶灯，那是我老早就看中了的，不想放弃这个漂亮的灯饰，我需要怎样做才能既把灯安上，又能保证吊顶的安全性呢？

A：当灯具重量大于3千克时，应固定在预埋吊钩或螺栓上，嵌入吊顶内的灯具应固定在专设的构架上，不能在吊顶龙骨支架上安装灯具；另外，当吊灯灯具的重量超过1千克时，要采用金属链吊装，且导线不可受力。

Q125：怎样挑选吊顶龙骨？

A：龙骨是装修吊顶中不可缺少的部分，其中常用的包括木龙骨和轻钢龙骨两种。使用木龙骨时要注意木材一定要干燥。将木材加工成方形或长方形的条状，木龙骨的断面规格原则上不得小于25mm×35mm，如条件允许，应尽可能使用规格大一些的木龙骨。内装修的木龙骨多选用轻质木料，它由一些含水率低、干缩率小、不劈裂、不易变形的树种，主要由红松、白松以及马尾松、花旗松、落叶松、杉木、椴木等加工而成，不得使用黄花松或其他硬杂木。

现在越来越多的家庭装修选择不易变形、具有防火性能的轻钢龙骨，在挑选轻钢龙骨时要注意它的厚度，最好不要低于0.6mm，另外，装修最好选用不易生锈的原板镀锌龙骨，避免使用后镀锌龙骨。区分两者的关键是原板镀锌龙骨俗称"雪花板"，上面有雪花状的花纹，它的强度也要高于后镀锌龙骨。

吊顶龙骨

十一、板材

Q126：什么是胶合板？如何挑选？

A：胶合板也叫夹板、细芯板。是由木段旋切成单板或由木方刨切成薄木，再用胶粘剂胶合而成的三层或多层板状材料，通常用奇数层单板，并使相邻层单板的纤维方向互相垂直胶合而成。胶合板是目前手工制作家具最为常用的材料。可用作中低档的装饰面板，上面需覆盖色漆。家庭装修一般选购中、低档的胶合板即可。

胶合板

挑选胶合板需要"三看"：

1. 看材料。不同树种的价格不同。用户可根据不同的需要选购不同材料的品种。目前，市场上充斥着大量低价位的柳桉芯胶合板。其实这是将杨木芯板作了表面着色处理，所以外观上与柳桉芯板基本一致，但质量却相差甚远。实际上，柳桉芯板无论是分量还是硬度韧性上都要高于杨木芯板，用户在购买或验收时要仔细辨认，以免上当。

2. 看做工。胶合板的夹板有正反两面的区别。选购时，胶合板板面要木纹清晰，正面光洁平滑，要平整无滞手感，反面至少要不毛糙，最好不要有节点，即使有，也应该很平滑美观，不影响施工。胶合板如有脱胶，既影响施工，又会造成更大的污染。因此挑选时，要看其是否有脱胶、散胶现象，用户可以用手敲击胶合板各部位，如果声音发脆且均匀，则证明质量良好；若声音发闷、参差不齐，则表示夹板已出现散胶现象。

3. 看外观。对每张胶合板都要看清是否有鼓泡、裂缝、虫孔、撞伤、污痕、缺损等现象，有的胶合板是将两个不同纹路的单板贴在一起制成的，所以在选择上要注意夹板拼缝处是否严密，有没有高低不平现象。不严密、不整齐的胶合板制作出来的家具和门窗是很难看的。挑选胶合饰面板时，还要注意颜色是否统一，纹理是否一致，并且木材色泽与家具油漆颜色是否协调。总之，您要依据装修整体布局、格调和色彩的需要，来选择合适的胶合板品种。

Q127：刨花板有哪些特点？价格如何？

我想用刨花板做一些家具，请问刨花板这种人造板材是怎么制作成的？它有哪些特点？它适合做衣柜吗？我住的地方附近就有一家建材市场，有的刨花板很便宜，我不知道是真打折呢，还是卖的一些质量不达标的次品。一般质量合格的刨花板多少钱一张？

A：刨花板是将木材加工过程中的边角料、木屑等切削成一定规格的碎片，经过干燥，拌以胶粘剂、硬化剂、防水剂，在一定的温度下压制而成的一种人造板材。刨花板的造价比较便宜，并且甲醛含量比大芯板低得多，是最环保的人造板材之一。制成品刨花板不需要再次干燥，可以直接使用，吸声和隔声性能也很好，且价格相对便宜，环保系数高。但它也有其固有的缺点，如边缘粗糙、

刨花板

容易吸湿，所以用刨花板制作的家具封边工艺就显得特别重要。另外由于刨花板体积较大，用它制作的家具，相对于其他板材来说，也比较重。另外，由于它的抗弯性和抗拉性较差，因此比较合适做内嵌式的壁橱和陈列柜，而不适合做大衣柜。价格方面，不同厚度、不同品牌和质量的刨花板价格不一，一般的刨花板实际厚度分为15mm、16mm、17mm、18mm等几种，规格是1220mm×2440mm，价格从80～160元／张不等，在板材中算是便宜的。特别要提醒消费者的是，刨花板的利润空间是比较透明的，市场上也有低于80元一张的刨花板，但那样的板子质量很可能存在问题，有的根本就没法使用。

Q128：大芯板有哪些特点？如何挑选？

A：大芯板也叫细木工板，是装修中最主要的材料之一，其中间是以天然木条黏合而成的芯，两面粘上很薄的木皮。大芯板的价格比细芯板便宜，可以做家具和包木门及门套、暖气罩、窗帘盒等，其防水防潮性能优于刨花板和中密度板。大芯板握螺钉力好，强度高，具有质坚、吸声、绝热等特点，而且含水率不高，加工简便，用途最为广泛。大芯板比实木板材稳定性强，但怕潮湿，施工中应注意避免用在厨房和卫生间。

挑选大芯板要注意：
1. 是否为正规生产厂家的产品。要查看其生产厂的商标、生产地址、日期、防伪标志等。
2. 是否有气味。如果大芯板散发出清新的木材气味，说明甲醛释放较少；如果气味刺鼻，说明甲醛释放量较多，最好不要购买。
3. 最好选机拼板，不选手拼板。手拼板不如机拼板紧密、平整，宽度、厚度容易有偏差，胶粘剂也相对较差。
4. 板芯用料以单一一种木材为佳。由于各种

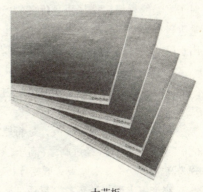

大芯板

木材纤维的物理性质不同，所以若用杂木，遇冷、热、潮湿等变化，会影响板芯的质量。
5. 大芯板的表面必须干燥、光净，且其一面必须是一整张木板，另一面只允许有一道拼缝。表面要平直、平整，节子、夹皮要尽量少。
6. 拎起时听声音，有咯吱声说明胶合强度不好；竖立放置，边角应平直，对角线误差不应超过6mm。
7. 从侧面或锯开后的剖面检查大芯板里面的薄木质量和密实度。里面拼接的小木条，排列是否均匀整齐，缝隙越小越好，其缝隙不能超过5mm，芯条有无腐朽、断裂、虫孔、节疤等，质量较好的大芯板，其中的小木条之间，都有锯齿形的榫口相衔接。
8. 观测板子周边，不应有补胶、补腻子现象，否则可能说明其内部有缝隙或空洞。
9. 用尖嘴器具认真敲击表面，听其声音是否有较大差异，如果声音有变化，内部就有空洞。
10. 另外，价格很低的大芯板，其质量肯定会很差。不是缝隙大，就是使用了不合格的木料。所以您在选择时，最好选择100元左右一张的大芯板。这个价格的大芯板，其质量比较稳定。市场出售的价格在50～60元一张的大芯板，根本无法使用。

Q129：能用大芯板做书柜吗？

现在板式家具越来越流行，但是我总认为人造板材比不上实木承重好，坚固耐用，不知道大芯板的承重能力怎么样，适不适合做书柜？

A：大芯板是目前较为受欢迎的材料，具有一定的强度，当尺寸相对较小时，使用大芯板的效果要比其他的人工板材的效果更佳。但是大芯板有一个最主要的缺点就是横向抗弯性能较差，如果用于书柜等项目的施工，其大距离强度往往不能满足书的重量的要求，尤其是书架的承重部位倘若使用大芯板的话，极易造成书柜的局部断裂、塌陷。如果使用大芯板作为书架的承重部位，那么解决的方法只能是缩小书架的间隔。一般而言，对于书架的材料，选择质量优良的板材是保证质量的第一因素。这不但要求对板材的质量进行选择，而且对板材的适用性也需要进行严格的选择。要对相关部分的板材选择作出正确的选择，例如，书架等承重部位的板材可选用胶合板。

Q130：密度板有哪些特点？

A：密度板也叫纤维板，是将原木脱脂去皮，粉碎成木屑，也就是以木质纤维或其他植物纤维为原料，经过高温、高压，施加适用的胶粘剂制成的人造板材，按其密度的不同，分为高密度板、中密度板、低密度板。现在市场里常见的是中密度板。

密度板表面光滑平整、材质细密、性能稳定、边缘牢固，而且板材表面的装饰性好，有较高的抗弯强度和冲击强度，容易进行涂料加工。但相比之下，密度板的握钉力较刨花板差，螺钉旋紧后如果发生松动，由于密度板的强度不高，很难再固定。另外，密度板的最大的缺点就是不防潮，见水就发胀。在用密度板做踢脚板、门套板、窗台板时应该注意六面都刷漆，这样才不会变形。

密度板

Q131：如何挑选密度板家具？如何保养？

前段时间我看上一套密度板做的衣柜，样式和颜色我都很满意。请问密度板家具在挑选过程中应该注重哪些方面？还有，我感觉人造板材都比较"脆弱"，日常使用时，该如何保养这些家具呢？

A：挑选密度板家具时，首先要看表面清洁度，表面清洁度好的密度板表面应无明显的颗粒。颗粒是压制过程中带入杂质造成的，不仅影响美观，而且使漆膜容易剥落。然后用手抚摸家具表面，如果有光滑感觉，则说明加工得较好，如果感觉较涩则说明加工不到位。密度板表面应光亮平整，如从侧面看去表面不平整，则说明材料的涂料工艺有问题。另外，整体弹性好的板子质量较好，较硬的板子一定是劣质产品。

密度板在使用时要经常保持干爽和清洁，不要用大量的水冲洗，特别要注意避免密度板家具长期浸水。如果有了油渍和污渍，要及时清除，可以用柔和中性清洁剂加温水进行处理，最好采用与密度板配套的专用密度板清洁保护液来清洗。家具放置须避开高温的地方，如火炉边、暖气片旁等，且不宜让阳光直接照射。不宜用重物、硬物敲击表面或直接在表面切割东西，防止家具表面损坏，也不可在地面上硬行推移家具。在冬季应注意增加密度板表面的湿度，这样能够有效地解决密度板家具产生缝隙和开裂问题。

Q132：卫生间适合用密度板做浴室柜吗？

我家已经用密度板做了一些家具了，还剩下一些板子，浪费了很可惜，想来想去，还差一个浴室柜，想用剩下的材料做一个，不知道适不适合？

A：最好不要用。密度板表面一般经过塑料硬膜进行封裹，这层膜不光为了美观，还可以起到防水作用。但是密度板的接缝处一般比较脆弱，很容易在运输、加工过程中因人为损害或磕碰而产生裂缝。如果水汽顺着缝隙渗透到内部，就会使密度板出现粉化，产生变形。而且浴室柜在现场安装时，常要根据现场尺寸在柜体上切开洞，安装上下水或作固定，这些操作都会对密度板的防护膜造成人为破坏，也会引起柜体变形。

Q133：家庭装修中哪些地方需要用到防火板？

听说有一种防火板，可以做各种家具的贴面，我想知道究竟防火板是怎么制成的？它真的能防火吗？防火板适合用在哪些地方？厨房里面的柜子是不是都应该用

这种防火板？

A：防火板是采用硅质材料或钙质材料为主要原料，与一定比例的纤维材料、轻质骨料、胶粘剂和化学添加剂混合，经蒸压技术制成的装饰板材。它的厚度一般为0.8mm、1mm和1.2mm。防火板是目前越来越多使用的一种新型材料，质量较好的防火板价格比装饰面板还要贵。其实防火板的标准名称是耐火板。防火板只是人们的习惯说法，但它可不是真的不怕火，只是具有一定的耐火性能。

防火板

其实防火板的使用不仅仅是因为防火的因素，其还可以在很多地方派上用场，比如台面、家具的表面、楼梯的踏步、橱柜等。只要把防火板与板材压贴紧密在一起即可。选用的时候，可根据自家需要的尺寸和花色要求，由生产商进行加工。防火板因其色泽艳丽，花样选择多和耐磨、耐高温、易清洁、防水、防潮等特性，已成为橱柜市场的主导产品，并被越来越多家庭选择和接受。

Q134：什么是欧松板？国产欧松板和进口欧松板的价格相差多少？

欧松板既有进口的，也有国产的，我想知道它们的价格究竟相差多少？它们之间最大的区别是什么？进口欧松板有哪些优势？

A：欧松板又称"OSB板"，是一种新型环保建筑装饰材料，采用欧洲松木加工制造。它是以小径材、间伐材、木芯为原料，通过专用设备加工成40～100mm长、5～20mm宽、0.3～0.7mm厚的刨片，经脱油、干燥、施胶、定向铺装、热压成型等工艺制成的一种定向结构板材。欧松板是目前世界范围内发展最迅速的板材，在北美、欧洲、日本等发达地区与国家已广泛用于建筑、装饰、家具、包装等领域，是细木工板、胶合板的升级换代产品。

欧松板

国产欧松板的价格基本维持在2200～2500元/m^3，国产欧松板用的是脲醛胶；而进口欧松板的价格在4500～4800元/m^3左右，这种板材用的是异氰酸酯胶。正宗的进口欧松板全部采用高级环保胶粘剂，符合欧洲最高环境标准EN300标准，成品完全符合欧洲E1标准，其甲醛释放量几乎为零，可以与天然木材相比，完全满足现在及将来人们对环保和健康生活的要求。国产欧松板用的胶水也能满足环保要求，但无疑进口欧松板能达到更严格的环保标准，所以在价格上要比国产欧松板贵一倍左右。

Q135：欧松板和澳松板有什么区别？

我听说有一种欧松板和一种澳松板，这是同一种板材的两个不同的名字，还是两种不同的板材？如果是不同的，它们有什么区别呢？

A：欧松板和澳松板是不同的两种板材。欧松板又称"OSB板"，是一种新型环保建筑装饰材料，采用欧洲松木加工制造，是细木工板和胶合板的升级换代产品，目前已经占据了一定的市场份额。而澳松板是一种进口的中密度板，用辐射松原木制成，具有很高的内部结合强度，每张板的板面均经过高精度的砂光，确保一流的光洁度。不但板材表面具有天然木材的强度和各种优点，同时又避免了天然木材的缺陷，是胶合板的升级换代产品。澳松板通过了澳大利亚、新西兰和日本的联合认证，环保性能优越。澳松板的硬度大，适合做衣柜、书柜，甚至地板，而且承重力好，防火、防潮性能优于传统的大芯板。

欧松板和澳松板都是进口板材，共同点是环保性能出色，但二者并不是同一种板材。欧松板的握钉能力不如澳松板，表面还有一些细小的坑洞，不能达到绝对的平整。而澳松板的稳定性很好，可以弯曲成曲线状，具有很高的内部结合强度，板子易于胶粘、定钉、螺钉固定。而且每一张澳松板都经过了高精度的砂磨，无须在表面刮腻子，只须用腻子填补钉子、螺钉或U形顶留下的钉孔，非常节省油漆。总的来说，欧松板和澳松板都是传统板材的升级换代产品，以环保为主要特性，澳松板的综合性能比欧松板更优越。

Q136：怎样辨别环保板材？

我听说人造板材中的甲醛含量比较高，如果板材不够环保，很容易造成甲醛超标，我当然想把自家的房子装修成健康环保的房子，所以对家具环保的问题格外重视。目前市面上打着环保旗号的板材太多了，究竟哪些是真的环保？在购买人造板材的时候，我该怎样检测它的环保性呢？

A：人造板的生产过程中都要用到树脂或胶水，因此或多或少会有残留的甲醛释放出来，根据国家制定的《室内装饰装修材料人造板及其制品中甲醛释放限量》的要求，直接用于室内的建材的甲醛释放量通过干燥器法测试一定要每升小于或等于1.5毫克，如果甲醛释放量每升小于或等于5毫克，则必须经过饰面处理后才能用于室内，甲醛释放量每升超出5毫克即为不合标准。把不合格的木材带回家就像给新家里添了一台毒气机，所以买建材一定要先看环保不环保。因此，掌握如何辨别环保板材的基本知识是十分必要的。

1. 看产品有无通过中国环境标志产品认证

中国环境标志产品认证委员会是由国家质量技术监督局和国家环保总局等11个部局组成的认证机构，体现政府领导下的第三方认证。它所颁发的证书代表着政府的认可和推荐，中国环境标志认证是对企业某注册商标产品系列在质量与环保方面的双达标认证，而不仅仅是某批次产品的环保合格认证。中国环境标志认证是国内最权威、最值得信赖的环保认证，也是国际通用的，国内最高规格的认证，其图形为十连环加太阳、山与水的组合。一般由通过认证的企业将标志粘贴在每张板的背后。目前，国内只有少数木材加工企业的产品通过了该认证。

2. 看企业有无通过 ISO 14000 系列环境管理体系认证

ISO 14000 系列环境管理体系认证是对企业在加工时对环境影响方面的一种认证，包括废水、废气的排放，以及工人操作环境、废弃物对环境的污染等许多方面，也是对企业所生产的产品在环保稳定性方面的一种认证。

3. 看产品的环保等级

2002年7月1日始，国家对板材中的甲醛释放实行限制标准，对于未能通过中国环境标志认证的产品，如果其甲醛释放量可以达到E1级与E2级的基本要求，产品也可以上市销售，但E2级只限于室外使用。对此，用户要注意，由于E2级比E1级的生产成本要低，所以，用户在购买及验收板材时，切莫错把E2级的板材当做环保板材用于室内装饰。

Q137：怎样检测板材的含水率？

我家在南方，气候非常潮湿，尤其是梅雨季节，雨水更多，即便是不下雨的时候，天气也是以阴天为主，以前买的很多家具用上两三年就变形开裂了，我听说板材如果含水率不在标准范围内，很容易造成家具和装修后的变形。现在我家马上要进行二次装修，我想了解一下，究竟怎样检测板材的含水率？

A：当木材含水率高于环境的平衡含水率时，木材会干燥收缩，反之会吸湿膨胀。一般来讲，木料的含水率在8%~12%之间为正常，在使用中不会出现开裂和变形的现象。南方潮湿地区木材含水率也应控制在14%以内。合格的木材需要经过工厂的高温蒸煮和干燥程序，最后达到当地的含水率水平。可以说，不管是哪种板材，含水率都很重要。

在没有专门测量仪器时，可以用下面一些简单易行的方法检测木料的含水量。

1. 手掂法。轻轻掂量多块木料，含水量小的木料会比较轻，含水量大的木料就明显重一些。
2. 手摸法。将手掌平放在木料表面，感受它的潮湿程度，含水率高的木材会手感冰凉。
3. 敲钉法。用长钉轻轻敲入木料，干燥得好的木料往往很容易钉入，而湿度大的木料钉入就很困难。

十二、卫浴洁具

Q138：如何检测瓷质卫浴洁具的质量优劣？

现在有的建材城常会进行一些促销活动，有时候如果买全套商品的话，可以获得比较大的折扣。我看中了一套瓷质的卫浴洁具，外观很好看，如果安装上，肯定会显得干净整洁又美观，我非常满意。但同时我又担心这样相对便宜的商品质量不过关。我该怎样检测这些卫浴洁具的质量是否合格呢？

A：挑选瓷质卫浴洁具主要注意以下几点：

1. 看是否有开裂。用一细棒细细敲击瓷件边缘听其声音是否清脆，当有"沙哑"声时证明瓷件有裂纹。
2. 看是否平整圆滑。将瓷件放在平整的平台上，各方向活动检查是否平稳匀称，安装面及瓷件表面边缘是否平整，安装孔是否均匀圆滑。
3. 看釉面质量。优质的卫浴洁具釉面必须细腻平滑，釉色均匀一致。可见面特别是水能溅湿的釉面质量尤为重要，在釉面上滴带色液体数滴用布擦匀，数秒钟后用湿布擦干，检查釉面，无脏斑点的为佳。

另外，瓷件还有吸水率，坐便器还有排污、用水量、噪声、水封功能等性能要求。这些性能消费者一般是难以检查判断的，应该尽量选购有质量信誉保证的产品，并且查阅该产品经国家有关部门认证认可的盖有CMA章的近期有效质量检测报告。

Q139："高温无菌"的卫浴洁具就是最好的吗？

现在有一种"高温无菌"的卫浴洁具在市场上非常受欢迎，即便比普通的卫浴产品贵得多，但还是很受关注和青睐，我想问的是，这种"高温无菌"卫浴产品质量好吗？它是通过什么原理做到"无菌"的呢？

A：很多商家常常利用人们关注清洁的心理炒作概念，用"高温无菌"作为推销依据，但事实上，高温无菌的卫浴设备并不代表质量良好。无论高温、低温只是烧成温度，烧制时温度在1300℃以下时更有利于节能，低温也不等于质量不好，只要成品符合国家标准就行；同样，只要产品表面光洁度达到国家标准即可；从技术角度来说，让卫浴产品达到某些厂家所说的"无菌"是不现实的。只能说某些产品有自洁和抗菌的功能，这是因为在釉料里添加了抗菌剂，但抗菌效果的持续时间则难以测定，也没有一个统一的标准；此外，卫浴市场上，一些贴在产品包装上的说明和标志有相当一部分存在着标注不规范、认证标志不全等问题，消费者在购买时就更应当擦亮双眼，以免花费大笔金钱却买回质量不过关的产品。

Q140：面盆是钢化玻璃的好还是陶瓷的好？

我看钢化玻璃的面盆也挺好的，看起来晶莹剔透，比常见的陶瓷面盆更个性化一些。目前市面上的钢化玻璃面盆存不存在炸开的危险呢？和陶瓷的相比，哪一种面盆更实惠、更好用一些？

A：陶瓷的要好一些。钢化玻璃的面盆虽然避免了普通玻璃面盆容易炸开等缺点，设计也更好看更个性了，但钢化玻璃面盆质量过关的得要3000元以上，性价比不高，沾水容易显脏、挂污。从经久耐用、经济实惠上来说，陶瓷面盆要合适得多。如今，陶瓷面盆的式样与颜色变化也多了，而且陶瓷表面上釉，不易挂污。

Q141：平时使用中如何保养面盆？

现在卫生间的面盆真的是种类繁多，琳琅满目，有很多都设计得非常漂亮。结合自家的装修风格，我买了一个"青花瓷"面盆，看起来古雅大方，当然，价格也贵了点。当初买的时候犹豫再三，最终还是将它搬回了家。那么像这种精致的面盆，具体应该怎么清洗、保养？

A：清洗面盆时，可用软质刷毛或海绵蘸中性清洁剂清洗，但切忌热水冲洗，以免面盆裂开。若用面盆盛水，要先放冷水再放热水，以避免烫伤。定期检测家中面盆是否有暗裂，将面盆蓄满水，倒入有色颜料浸泡一个晚上，若有暗裂现象，即可看得清清楚楚。如为下嵌式洗面盆，在清理时，需特别注意台面下方与面盆接合处的死角部分。另外，面盆上方的置物板上应尽量避免放体积较大或重量较重的物品，以免不慎滑落损伤面盆。

Q142：市面上常见的浴缸有哪几种？

新房装修，需要买一个浴缸，我想问问现在主要都有哪些材质的浴缸，它们各自的优点和缺点有哪些呢？

A：市面上的浴缸，从材质上分为亚克力浴缸、钢板浴缸、铸铁浴缸和其他材质的浴缸。

1. 亚克力塑胶浴缸：其优点在于，容易成型，保温性能好，光泽度佳，重量轻，易安装，色彩变化丰富，它不会生锈，不会被侵蚀，它的厚度一般在3～10mm。
2. 钢板浴缸：用一定厚度的钢板成型后，再在表面镀搪瓷。它坚硬而持久，因其表面为搪瓷，不易挂脏，好清洁，不易褪色，光泽持久。制作浴缸的钢通常有1.5～3mm厚，一般来说是愈厚愈坚固。

3. 铸铁浴缸：与钢板浴缸制作方法相似，只是所用基础材料为铸铁，也是一种传统浴缸。最突出的优点就是坚固耐用。它表面的搪瓷普遍比玻璃钢浴缸上的要薄，清洁这种浴缸时不能使用含有研磨成分的清洁剂。另外，铸铁浴缸的缺点是水会迅速地变冷。

此外，还有人造石浴缸，天然石浴缸等，它们在市面上均采用的不多。

亚克力浴缸

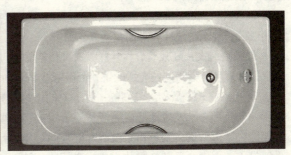
钢板浴缸

Q143：如何选购浴缸？

我家以前安装的是淋浴房，现在条件好了，换了大房子，卫生间的空间也挺大的，放一个大浴缸没问题，但现在浴缸种类特别多，我以前没有了解过关于浴缸的信息，一时不知道该怎么选，请问选浴缸应该注意哪些方面？

A：

1. 看光泽度。通过看表面光泽了解材质的优劣，适合于任何一种材质的浴缸。
2. 摸表面平滑度。适用于钢板和铸铁浴缸，因为这两种浴缸都需镀搪瓷，镀的工艺不好会出现细微的波纹。
3. 手按、脚踩试坚固度。浴缸的坚固度关系到材料的质量和厚度，目测是看不出来的，需要亲自试一试，在有重力的情况下，比如站进去，是否有下沉的感觉。
4. 听声音。购买高档浴缸，最好能在购买时"试水"，听听声音。如果按摩浴缸的电机噪声过大，享受不成，反而成了负担。
5. 看售后服务。除了看产品质量、品牌、性价比外，售后服务也是消费者应该考虑的一个重要因素，比如是否提供上门测量、安装服务等。

另外业主应该很清楚地知道自己需要多大的浴缸，这些要素是由浴室的布局和客观尺寸决定的。值得注意的是尺码相同的浴缸，在深度、宽度、长度和轮廓上也并不一样。浴缸的长度从1.7～1.2m不等，深度也在50～70cm之间。最后还要根据自己的喜好选择浴缸的款式和舒适度。长度在1.5m以下浴缸（小于成年人的坐长），深度往往比一般的浴缸深，约70cm，为坐浴浴缸。在这种缸体里设计有符合人体坐姿的功能线。由于缸底的面积小，这种浴缸比一般的浴缸容易站立，所以特别适合老人和孩子使用。

Q144：冲落式马桶和虹吸式马桶各有哪些特点？

A：按照排污方式的不同，马桶可以分为冲落式、虹吸冲落式、虹吸喷射式和虹吸旋涡式四种。

冲落式：冲落式马桶的优点是价格便宜，用水量小，排污效果好，池心存水面积较小；缺点是排污时噪声较大。

虹吸式：优点是内有一个完整的管道，形状呈侧倒状的"S"，池壁坡度较缓，噪声问题有所改善；缺点是池底存水面积增大。

虹吸喷射式：虹吸喷射式是虹吸式坐便器的改进型，增设喷射附道，增大水流冲力，加快排污速度，噪声问题有所改善，而缺点也是池内的存水面积较大。

虹吸漩涡式：是档次最高的一种。它的结构与其他虹吸式基本相似，只是供水管道设于便池下部，并通入池底。为了适应管道的设计要求，在成型工艺上水箱与便器合为一体。它最大的优点是利用了漩涡和虹吸两种作用：漩涡能产生强大的向心力，将污物迅速卷入漩涡中，又随虹吸的生成排走污物，冲水过程既迅速又彻底，而且气味小、噪声低。

Q145：马桶冲水的时候溢水是什么原因？

我前段时间买了一套二手房，是多年前的装修了，我看整体还不错，就暂时没有再装修。可很快我就发现了一个不大不小的问题，卫生间马桶的底座与地面接缝处经常在冲水之后溢出水来，这是什么原因造成的呢？

A：安装马桶时底座凹槽部位没有用法兰（一种专门连接马桶与排污口的硅胶）密封，冲水的时候就会从底座与地面之间的缝隙溢出污水来。所以安装马桶的时候应先在底部排水口周围安装法兰，然后将马桶排出口对准污水管口慢慢地往下压挤密实填平整，再将垫片螺母拧紧。马桶与地面的连接处用硅胶类材料密封。

Q146：挑选坐便器有哪些技巧？

A：
1. 看内部。为了节约成本，不少坐便器厂商都在便器内部下工夫。有的坐便器返水弯里没有釉面，有的则使用了弹性小、密封性能差的封垫。这样的坐便器既容易因为结垢而堵塞，又容易漏水。因此，在购买时要用手伸进坐便中的污口，触摸一下里面是否光滑。手感光滑是有釉面的，而粗糙则是没有釉面的。密封垫应为橡胶棉或发泡塑料制造而成的，弹性比较大，密封性能好。
2. 摸表面。高档的坐便器表面的釉面和坯体都比较细腻，无波纹、色泽晶莹、无针眼或杂质，手摸表面不会有凹凸不平的感觉，由于池壁的平整度直接影响坐便器的清洁，所以池壁越是平滑、细腻，越不易结污。中低档坐便器的釉面比较暗，在灯光照射下，会发现有毛孔，釉面和坯体都比较粗糙。
3. 是否有开裂。用一细棒轻轻敲击瓷件边缘听其声音是否清脆，当有"沙哑"声时，证明瓷件有裂纹。
4. 需要了解坐便器的排水量。国家规定使用 6 升以下的坐便器。现在市场上的坐便器多数是 6 升的，许多厂家还推出了大小解分开的坐便器，有两个冲水量选择：3 升和 6 升，这种设计更利于节水。另外，还有厂家推出了 4.5 升的，用户在选择时，最好作一下冲水实验，因为水量多少会影响使用效果。
5. 水箱配件。坐便器的水箱配件很容易被人忽略，其实水箱配件好比是坐便器的心脏，更容易产生质量问题。购买时要注意选择质量好、注水噪声低、坚固耐用、经得起水的长期浸泡而不腐蚀、不起水垢的配件。

Q147：如何选购淋浴房？

A：要想挑到质量过关又好用的淋浴房，必须要注意以下三点：

1. 三无产品拒之门外。不能贪图价格便宜，一定要购买标有详细生产厂名、厂址和商品合格证的产品。
2. 辨别材质。淋浴房的主材为钢化玻璃，钢化玻璃的品质差异较大。如何验真伪？正宗的钢化玻璃仔细看有隐隐约约的花纹。淋浴房的骨架采用铝合金制作，表面作喷塑处理，不腐、不锈。主骨架铝合金厚度最好在 1.1mm 以上，门不易变形。同时注意检查滚珠轴承是否灵活，门的启合是否方便轻巧，框架组合是否用的是不锈钢螺丝。
3. 合页式淋浴房更值得选择。按门开关的方式，淋浴房分为滑轨式和合页式。早期的淋浴房都是滑轨式，在淋浴房的底座和顶边都装有滑轨，门就嵌在滑轨中来回滑动进行开关。由于滑轨上容易积垢或落入硬物不好清理，会使门开关不畅并导致损坏，而且滑轨本身有使用寿命较短、推拉时噪声较大等缺点，因此现在档次较高的淋浴房已普遍升级到合页式。合页式淋浴房一般采用无边框设计，外观简洁流畅，受到消费者的普遍欢迎。合页式淋浴房玻璃门的重量完全由合页来承载，由于玻璃门很重，对合页的质量要求非常高，要求能耐腐蚀、抗疲劳、承重力强。市场上有两种不同材质的合页：铜电镀合页和不锈钢压铸合页。不锈钢压铸的合页无论从外观、强度、

合页式淋浴房

滑轨式淋浴房

耐腐蚀等方面都要稍高一筹，因此比较知名的品牌往往选用不锈钢压铸的合页，确保淋浴房使用安全，延长使用寿命。

Q148：怎样挑选优质浴霸？

父母在北方生活习惯了，很难适应南方没有暖气的冬天，尤其是洗澡的时候，经常洗一次澡感冒一次，所以我想在浴室里面装一个浴霸。我知道浴霸耗电量大，对人体的电磁辐射也大，但这也是不得已的选择。我想，优质的浴霸会不会更有安全保障一些？怎么才能选到可靠的浴霸产品呢？

A：选购一台优质的"浴霸"应该注意以下事项：

1. 包装。外观应光洁滑爽，图文印刷应精致清晰。
2. 零配件。产品应附有开关板、接线盒和排风口。产品包装内应附有说明书、产品合格证和安全指南。
3. 面罩。表面应光洁，耐高温，阻燃等级高。如被众多消费者喜爱的"奥普"三合一浴霸，由于采用了美国通用电器公司的塑材，可以耐200℃的高温，阻燃等级自然为2秒钟。这是一般使用PPO、ABS塑材的产品所不能相比的。
4. 红外线取暖灯。由于材质的原因，国内有些厂家的灯泡防爆性能差，热效率低。一些优质的品牌采用了石英硬质玻璃，热效率高、省电，并经过严格的防爆和使用寿命的测试。
5. 柔光照明灯。优质的柔光灯发光效率高、使用寿命长。
6. 灯头与灯座。普通灯泡的灯头与灯泡玻璃壳在高温情况下容易脱落。优质的浴霸一般在灯头和灯泡之间采用螺纹连接的方式，比较牢固。由于大功率的灯泡经常开关会使灯座的导电圈脱落，好的浴霸一般是采用连体设计的瓷座，以保证用户永久无维修灯座之苦。
7. 马达。良好的马达（微型电机）一般都有热温安全保险装置，当电压不稳、温度较高时，可自动安全跳闸，待恢复正常后又可返回到工作状态。

Q149：浴霸应该安装在卫生间什么位置合适？

南方气候潮湿，冬季又没有暖气，洗澡的时候觉得特别冷，所以今年我想在卫生间安装一个质量可靠的浴霸。请问应该安装在卫生间的什么地方最合适呢（既要保暖性好，又要安全性有保障）？

A：很多装修队会把浴霸安装在浴缸或淋浴位置上方，这样表面看起来升温很快，但却有潜在的安全隐患。因为红外线辐射灯升温快，离得太近容易灼伤人体，而且使用起来总担心花洒里喷出的水会溅到浴霸上，如果浴霸湿气重很容易造成短路而发生事故。实际上，为了取得最佳的取暖效果，浴霸应安装在浴室中央正上方的吊顶上，为了避免造成不必要的故障，浴霸应该尽量安装在离花洒稍远的位置。吊顶用材请使用强度较佳且不易产生共鸣的材料，安装完毕后，灯泡离地面的高度应在 2.1～2.3m 之间，过高或过低都会影响使用效果。

Q150：防水浴霸真的不怕水吗？

我家卫生间浴霸的灯光非常亮，4 个灯全开的时候，在很短的时间里，卫生间的温度就升得比较高了。我感觉很不安全，在使用花洒的时候格外注意，生怕把水弄到浴霸上面去了，其实我家的浴霸是防水的，但是我还是很不放心。如果不小心把水泼进了浴霸，会有危险吗？

A：尽管现在绝大多数的浴霸都是防水的，但在实际使用时千万不能用水去泼，虽然浴霸的防水灯泡具有防水性能，但机体中的金属配件却做不到这一点，也就是说机体中的金属配件仍然是导电的，如果用水泼的话，会引发电源短路等危险，后果不堪设想。

Q151：安装浴霸的电源配线有什么特殊要求？

只要浴霸一打开，浴室的温度很快就上来了，而且浴霸的灯光还那么亮，功率肯定很高。那么安装浴霸的时候，什么样的电源配线才是适合的呢？走线又需要注意哪些问题？

A：浴霸的功率最高可达 1100W 以上，因此，安装浴霸的电源配线必须是防水线，最好是不低于 1mm 的多丝铜芯电线，所有电源配线都要走塑料暗管镶在墙内，绝不许有明线设置，浴霸电源控制开关必须是带防水 10A 以上容量的合格产品，特别是老房子浴室安装浴霸更要注意规范。

Q152：哪种材质的地漏是最耐用的？

地漏虽小，但如果贪图便宜，买到次品，用时候频频出现问题，影响心情不说，还给自己添了一些格外的麻烦，算起账来，也不见得划算。所以我宁愿在装修的时候多花一点钱，买质量靠得住、经久耐用的好地漏。目前地漏的种类也渐渐多了，究竟哪一种才是最好用、最耐用的呢？

A：市场上的地漏从材质上分主要有不锈钢、PVC 和全铜三种。由于地漏埋在地面以下，且要求密封好，所以不能经常更换，因此选择适当的材质非常重要。其中全铜地漏因其优秀的性能，开始占有越来越大的市场份额。

不锈钢地漏因其外观漂亮而在前几年颇为流行，但是不锈钢地漏造价高，且镀层薄，因此过不了几年仍免不了生锈的结果。而 PVC 地漏价格便宜，防臭效果也不错，但是材质过脆，易老化，尤其北方的冬天气温低，用不了太长时间就需更换，因此市场也不看好。目前市场上最多的是全铜镀铬地漏，它镀层厚，即使时间长了生了铜锈，也比较好清洗，一般情况下，全铜地漏至少可以使用 6 年。

Q153：洗衣机排水地漏可以用深水封地漏吗？

A：现在市场上有许多种防臭地漏，它的作用是防止下水返味，很多业主愿意选择使用。像深水封地漏和带返水弯的地漏等都属于这类，但用得不是地方也会出现问题。洗衣机地漏最好别用深水封地漏，因为洗衣机的排水速度非常快，排水量大，深水封地漏的下水速度根本无法满足，结果会直接导致水流倒溢；还有就是返水弯过长的地漏，也不适合作洗衣机专用排水使用，因为排水速度慢，很容易出现溢水现象。

洗衣机专用排水地漏

Q154：住宅常用卫生器具的安装高度有哪些统一标准？

卫生器具不仅质量重要，安装也很重要，不然的话，再好的产品用起来都不舒适，所以我想问问，常见的卫生器具，像坐便器、面盆之类的，统一的安装高度是多少？

A：卫生器具的安装高度见下表：

卫生器具名称		卫生器具安装高度（mm）		备注
		居住和公共建筑	幼儿园	
坐便器	外露排水管式	510	370	自地面至水箱底
	虹吸喷射式	470		
洗脸盆、洗手盆（有、无塞）		800	500	自地面至器具上边缘
浴盆		≥520		
洗涤盆（池）		800	800	自地面至器具上边缘
妇女卫生盆		360		

卫生器具给水配件的安装高度见下表：

给水配件名称		配件中心距地面高度（mm）	冷、热水嘴距离（mm）
洗涤盆（池）水龙头		1000	150
洗手盆水龙头		1000	
洗脸盆	上配水水龙头	1000	150
	下配水水龙头	800	150
	下配水角阀	450	
浴盆	上配水水龙头	670	150
坐便器	低水箱角阀	150	
妇女卫生盆混合阀		360	

Q155：怎样挑选优质的卫浴龙头？

A：目前市场上常见的卫浴龙头主要有两类：一类是双柄陶瓷片密封龙头，这种龙头是在原来的橡胶垫密封龙头基础上改造而成，其密封件由精密加工的镜面陶瓷片等构成，硬度高、密封性能好、使用寿命长；另一类是单手柄陶瓷片密封调温嘴，其密封件采用更为新型的冷热水混合陶瓷片阀芯，使用时由单一手柄控制龙头的出水量和水温，操作更加方便、舒适。挑选卫浴龙头需要注意以下几点：

1. 看尺寸。确认购买的主柱盆、台上盆、台下盆分别都是几孔的，通常有单孔、双孔、三孔之分，孔距有100mm、150mm、200mm之分，要选择与之匹配的龙头。
2. 看阀芯。现在市场上所售的龙头基本上都是陶瓷阀芯的，价格差别关键是龙头内装的是德国进口陶瓷阀芯还是国产陶瓷阀芯，由于这两种陶瓷阀芯的用料及零部件加工精度不同，直接关系到龙头的使用寿命。
3. 看外观。龙头电镀表面应光泽均匀，需注意有无龟裂、露底、剥落、黑斑及麻点等缺陷；喷涂表面应组织细密、光滑均匀，需注意是否有挂流、露底等缺陷。上述这些缺陷会直接影响龙头的使用寿命。而一些尺寸配合精度不高、粗制滥造陶瓷阀芯的低档龙头一般在使用2～3个月后手柄就会出现松垮现象。
4. 看材质。纯铜材料的龙头不会出现水碱，优质铜材对人体绝无伤害，符合环保概念，顺应世界发展的需求，纯铜材料的水龙头能让您饮水、用水更洁净更健康。

Q156：如何安装浴缸？

浴缸是卫生间的一个大件，请问安装浴缸的步骤是怎样的？在安装过程中，有哪些技术要点是需要特别留意的？

A：浴缸安装施工程序：检查外观质量及配件→按设计要求确定安装位置→检查落水口与浴缸排水口位置是否一致→按安装位置砌筑支撑或安装浴缸支架→安架浴缸→连接落水口与浴缸排水暗管→安装配套五金件→周边用硅酮胶密封。

浴缸安装技术要点：
1. 排水单间管与排水孔管口应硅酮胶封闭。水龙头与花洒宜在一条直线上。
2. 浴缸底部应填细沙固定，以防负重后造成浴缸破损。
3. 外围墙应预留检修孔，在总装验收前检修孔不得封固。
4. 安装后应存1/3水12小时，检查有无渗漏。

Q157：如何安装淋浴房？

A：淋浴房安装施工程序：检查外观质量及配件→按设计要求检查排水管与淋浴房底盆的排水口位是否吻合→将排水管口与淋浴房底盆的排水暗管连接→安装底盆→安装挡水玻璃墙及门→边缘抹硅酮胶密封。

淋浴房安装技术要点：
1. 盆底应用填细砂固定。
2. 底盆应保持一定坡度，以便排水顺畅无滞留。
3. 淋浴房门与底盆连接处应用专用防水条处理。

Q158：如何安装台盆和立盆？

A：台盆安装：检查台盆外观质量及配件→定位放线→制作、安装台盆架→台面开孔、安装台盆→安装水龙头→接通输水管路→检查调试→硅酮胶密封。

立盆安装：检查立盆外观质量及配件→确定安装位置→安装立盆→安装水龙头→接通输水管路→检查调试→硅酮胶密封。

台盆和立盆安装技术要点：
1. 台盆架用镀锌膨胀螺栓固定。立盆采用挂件式镀锌膨胀螺栓固定，安装时应注意挂片及拧紧程度，不可过紧，以防损伤产品。
2. 输水管路位置应左热右冷。立盆输水管两管间距应在100mm左右。
3. 台盆面高度宜在820mm左右。
4. 落水管必须有存水弯装置。
5. 安装后应存2/3水4小时，检查有无渗漏，排水是否顺畅。

十三、厨房用品

Q159：橱柜安装的标准尺寸是多少？

如果橱柜安装得不合适，质量再好的橱柜使用起来也不会方便舒服。所以我想了解一下橱柜安装的标准尺寸是多少？我个子较矮，如果操作台、吊柜太高了，做饭的时候会格外累。虽然现在的橱柜都是卖家负责安装的，但我还是担心他们不"具体问题具体分析"。

A：

1. 操作台高度一般为80～90cm，宽度一般在50～60cm。
2. 吊柜和操作台之间的距离一般为55～70cm，从操作台到吊柜的底部，应该确保这个距离。这样，在方便烹饪的同时，还可以在吊柜里放一些小型家用电器。
3. 抽油烟机与灶台的距离一般为60～80cm。
4. 吊柜的高度一般距地面145～155cm，这个高度可以不用踮起脚尖就能打开吊柜的门。

Q160：自己动手做橱柜会比买成品橱柜便宜吗？

我家是请一个装修队做装修的，他们说买的橱柜太贵，可以自己制作一个，价格要便宜许多，而且完全可以自己设计，能更符合我家厨房的格局和需要。订购的橱柜确实价格不便宜，尤其是进口的，但好像大多数人都是购买的成品橱柜，这种装修队做的橱柜真的可以便宜一些吗？

A：自己设计"打造"厨房尽管在风格上可以独树一帜，但如果单从价格上考虑，在采用同等材料、同样用量的前提下，自购材料自制橱柜一般要比订购专业厂家的橱柜要贵。造成这样一个差别的道理很简单，因为有规模的专业橱柜公司大批量购买原料和自己零购买材料形成批零差价。另外一些重要的细节比如封边的品质存在明显的差别：自购材料请木工制作，只能用强力胶手工封边，而专业厂家采用优质PVC封边带、高温胶，用自动封边机精制而成；五金件的选择也会很大程度上决定橱柜品质的高低。可见自制橱柜既多花钱，质量也不尽如人意。可以说随着市场的完善，橱柜制造业已经渐渐进入了薄利阶段，人们通常认为的自己购材料制作橱柜便宜的年代已经过去。一些"装修队"声称自己制作便宜，其实是靠降低档次甚至"偷工减料"和没有品质保障造成的便宜。

橱柜

Q161：如何判断橱柜质量的优劣？

橱柜店里风格各异、前卫或复古的独特设计、明丽或清雅的色调大有"乱花渐欲迷人眼"之势，仔细看来就会发现许多看上去很相似的产品，价格却相差很多。在价位不同但外观却相似的橱柜中，业主往往会无所适从，高价到底高在哪里？除了橱柜的选材不同外，专业大厂用自动机械化流水线生产的橱柜和手工作坊式小厂用手工生产出的橱柜质量上也有天壤之别。作为普通消费者为了维护自己的利益，如何深入了解其内在的品质，挑选到优质的橱柜呢？

A：选购橱柜要注意以下几个方面：

1. 看裁板。裁板也叫板材的开料，是橱柜生产的第一道工序。大型专业化企业用电子开料锯通过电脑输入加工尺寸，由电脑控制选料尺寸精度，而且可以一次加工若干张板，设备性能稳定，开出板的尺寸精度非常高，公差单位在微米，而且板边不存在崩茬的现象。而手工作坊型小厂用小型手动开料锯，甚至是用木工开料锯搭一个简便的操作台，用这种简陋设备开出的板尺寸误差大，往往在1mm以上，而且经常会出现崩茬现象，也就是说，板材基材会暴露在外。

2. 看板材的封边。选购橱柜时不妨用手摸一下橱柜的封边。优质橱柜的封边细腻、光滑、手感好，封线平直光滑，接头精细。专业大厂用直线封边机一次完成封边、断头、修边、倒角、抛光等工序，涂胶均匀，压贴封边的压力稳定，流水线上各工作站连续工作，保证最精确的尺寸。而作坊式小厂是用刷子涂胶，人工压贴封边，用壁纸刀来修边，用手动抛光机抛光，由于涂胶不均匀，这样生产出来的封边凹凸不平，封线波浪起伏，甚至封边有划手感觉。由于压力不均匀，很多地方不牢固，很容易出现短时间内开胶、脱落的现象，一旦封边脱落，会出现进水、膨胀的现象，以及大量甲醛等有毒气体挥发到空气中，对人体造成危害。

3. 看打孔。现在的板式家具都是靠三合一连接件组装，这需要在板材上打很多定位连接孔，孔位的配合和精度会影响橱柜箱体结构的牢固性。专业大厂用32模数的多排钻一次完成一块板板边、板面上的若干孔，这些孔都是一个定位基准，这样在孔位的配合上，尺寸的精度是有保证的。手工小厂使用排钻，甚至是手枪钻打孔，由于不同的定位基准及在定位时的尺寸误差较大，造成孔位的配合精度误差很大，在箱体组合过程中甚至会出现孔位对不上的情况，这样组合出的箱体尺寸误差较大，不是很规则的方体，而是扭曲的。
4. 看门板。门板是橱柜的面子，和人的脸一样重要。每个人都希望给自己的橱柜选一张好看的"脸"，变形扭曲的"脸"当然不在选择之列。小厂生产的门板由于基材和表面工艺处理不当，门板容易受潮变形，这些一眼就可以看出来。
5. 看整套橱柜的组装效果。橱柜的缝隙要均匀，生产工序的任何尺寸误差都会表现在门板上。专业大厂生产的门板横平竖直，且门间隙均匀。而小厂生产组合的橱柜，门板会出现门缝不平直、间隙不均匀，有大有小，所有的门板不在一个平面上。
6. 看抽屉的滑轨。虽然是很小的细节，却是影响橱柜质量的重要部分。由于孔位和板材的尺寸误差造成滑轨安装尺寸配合上出现误差，造成抽屉拉动不顺畅或左右松动的状况。好的滑轨当拉开抽屉至2cm左右时它能自动关上，还要注意抽屉缝隙是否均匀。
7. 看五金件。橱柜五金件的好坏直接关系到橱柜的使用寿命和价格，在使用时开合自如、无阻涩感、无噪声，能经得起上万次的开关而不变形损坏。如橱柜门铰链、适于角柜安放的旋转盘、推拉式贮物柜的分隔架及铝合金踢脚、折门等，消费者在选择橱柜时，除对橱柜的整体把握外，切不可对这些细小的元素视而不见。目前市场上进口的五金件中，德国、意大利的占份额比较大，质量也比较好。所以购买时，要多留意所使用的五金件的品牌，即使多花一些钱也是值得的。
8. 看止水设计。台面有加入特别的止水设计，让台面的水不易落到橱柜柜身上，这也是橱柜能长久使用的保证。
9. 看环保。橱柜材质的环保性非常重要，主要体现在所用板材、台面和封边的胶粘剂上。这些材料均要达到环保要求，其中板材需选用甲醛释放量达标的人造板材，而台面以防火板和人造石为较好选择。
10. 看服务。细致全面的服务也是用户选择的重要条件。不仅包括售前的上门测量设计，售中的仔细安装也很重要，更包括售后服务。如建立用户档案，及时回访，有问题及时解决等。由于厨房是一个集水、电、燃气、蒸气于一体的综合使用空间，条件相对复杂，即使是相同材质的橱柜也会由于不同加工设备和不同的人员安装而使效果大不相同，更何况橱柜作为大件耐用消费品，使用寿命长，使用次数频繁，因此服务承诺及服务质量十分关键。所以购买时不要只考虑价格因素。

Q162：购买橱柜应注意哪些安全问题？

橱柜是厨房装修成败的关键，这次我家厨房装上了整体橱柜，和以前相比，自然是更好看、更方便些。厨房装修除了注重装饰效果和使用方便以外，安全性也是一个不能忽视的方面。橱柜作为厨房里的"主角"，在购买的时候应该注意哪些安全问题呢？

A：
1. 看有无物理伤害。具体地说，就是在购买时注意避免购买材料、做工低劣的产品，这些次品在细节处常常存在毛刺、尖角等，在不经意之间就容易给使用者的身体造成伤害。并且，由于在橱柜上直接处理食物，如果因为质量低劣，而造成误食杂质、碎屑等情况，对健康也有危害。此外，还要避免不合格配件造成的安全隐患。
2. 看使用是否安全。橱柜也是水、电、气大集合的地方，如果这三样东西使用不当，都会对环境造成危害，甚至影响到人身安全，所以橱柜使用的安全性至关重要。水槽中的溢水口要合理设置；电器、电线和插头也要安置妥善，避免漏电；还有煤气的阀门、熄火保护等等都应在购买时充分考虑在内。

Q163：橱柜的附加件越多越好吗？

现在的家装市场发展越来越快，很多新产品层出不穷，让人眼花缭乱。就拿橱柜来说吧，除了基本的功能和样式之外，很多产品还有不少附加件，随着附加件的增多，价格也是水涨船高。真的是附加件越多的橱柜越好吗？

A：市场上功能多样的橱柜让消费者眼花缭乱，很多产品看起来配置多、功能全，很吸引人，但实际上这些增加的附加件并不是必不可少的配件，等到最后计算费用时消费者才会大呼上当。因此消费者选购橱柜最好慎重权衡一些不必要的附加件，包括米箱、拉篮、挂钩、盘碗架、锅垫、调味架、酒杯架、伸缩餐桌、垃圾桶、电器一体柜、防水垫等。消费者应根据自己的资金支付能力和实际需要来选择附加件，不要盲目求多求全最后导致橱柜整体费用超支。

Q164：橱柜安装有哪些技术要点？

A：吊柜的安装应根据不同的墙体采用不同的固定方法。后衬挂板长度应为吊柜长度减去10cm，后衬挂板长度在50cm以内的使用两个加固钉，在80cm以内的使用3个加固钉，加固钉长度不得短于5cm，安装时应调整柜体水平，然后调整合页，保证门扇横平竖直；吊柜底板距地面应在1.5m以上，上方需加装饰线板时，应保证装饰线板与柜体、门扇垂直面水平。两组吊柜相连，应取下螺丝封扣，用木螺丝相连，并保证两吊柜柜体横平竖直，门扇缝隙均匀。底柜安装应先调整水平位置，保证各柜体台面、前脸均在一个水平面上，两柜相连使用木螺丝钉，后背板通管线。表、阀门等应在背板画线打孔，以便躲让有关设备，孔侧不得出现锯齿形状。

Q165：燃气器具安装有哪些技术要点？

A：燃气器具的安装需要注意以下几点：
1. 燃气热水器必须安装在干燥通风处，不得有晃动和明显倾斜。
2. 燃气热水器排气管道必须安装防止回风装置。
3. 燃气热水器安装离地高度宜为1350～1600mm，且左右侧面空距应不小于150mm。
4. 燃气热水器落地式的安装高度离地100mm左右，四周空距应不小于150mm（大容量落地气式燃气热水器安装底部应砌筑地台）。
5. 热水器进水口、燃气进气口均应安装球阀。
6. 燃气器具安装均应参照产品要求和供气单位要求，安装完毕后，经调试运作正常，测试无溢漏。
7. 在未移交前将供气总阀关闭并挂牌不准使用，且给产品保护。
8. 安装燃气器具的人员必须经过专业技术培训后方可进行施工。

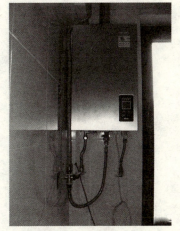

燃气热水器

Q166：燃气器具的安装步骤是怎样的？

A：燃气灶具安装：检查灶具外观质量及配件→确定安装位置→固定灶具→接通输气管路检查调试。

燃气热水器安装：检查热水器外观质量及配件→确定安装位置→安装预埋件→固定热水器→安装排气管道→接输气、输水管路→检查调试。

Q167：厨房烟道返味应该如何处理？

最近我家出现了一件不大不小的烦心事，每到饭点的时候，我家的厨房烟道总是返味、蹿烟，邻居家做饭的味道、油烟都进到我们家了。油烟大了对身体不好，而且我也闻不惯邻居做饭的味道。我想知道，为什么会出现这种问题呢？是抽油烟机的质量不过关吗？

A：厨房烟道出现返味的问题多半是因为没有安装烟道止逆阀。烟道止逆阀是安装在烟道口的，很多

烟道止逆阀

业主都不知道它的作用,往往在装修完成后才发现烟道密封不好,容易返味和蹿烟。一般来说,建筑商在交房时会给业主配备一个烟道止逆阀,如果没有的话,在建材市场也都能买到。止逆阀中间有一块金属挡板,能够挡住烟味,实现反向密封。所以提醒业主在厨房吊顶前,一定要注意看烟道止逆阀是否安装得当。

十四、电线、开关和插座

Q168：购买电线时怎样鉴别优劣？

电线的选择虽然看起来是小事，但是关系重大，如果买到了劣质货，到时候不仅麻烦，而且可能造成很大的损失，所以这些小件商品，我更关注它的质量。请问在购买电线的时候，我该怎么鉴别它的质量优劣呢？

A：

1. 首先看成卷的电线包装牌，有无中国电工产品认证委员会的"长城标志"和生产许可证号；有无质量体系认证书；合格证是否规范；有无厂名、厂址、检验章、生产日期；电线上是否印有商标、规格、电压等。还要看电线铜芯的横断面，优等品紫铜颜色光亮、色泽柔和，铜芯黄中偏红，表明所用的铜材质量较好，而黄中发白则说明是低质铜材。
2. 可取一根电线头用手反复弯曲，凡是手感柔软、抗疲劳强度好、塑料或橡胶手感弹性大且电线绝缘体上无龟裂的就是优等品。电线外层塑料皮应色泽鲜亮、质地细密，用打火机点燃应无明火。
3. 截取一段绝缘层，看其线芯是否位于绝缘层的正中。不居中的是由于工艺不高而造成的偏芯现象，在使用时如果功率小还能相安无事，一旦用电量大，较薄一面很可能会被电流击穿。
4. 一定要看其长度与线芯粗细有没有做手脚。在相关标准中规定，电线长度的误差不能超过 5%，截面线径不能超过 0.02%，但市场上存在着大量在长度上短斤少两、在截面上弄虚作假（如标明截面为 $2.5mm^2$ 的线，实则仅有 $2mm^2$ 粗）的现象。

Q169：安装开关有哪些具体要求？

A：明开关（拉线开关）在装修工程中多被淘汰，暗装开关安装要求距地面 1.2～1.4m，距门框水平距离 15～20cm，开关的位置与灯位要相对应，同一室内的开关高度应一致。在具体操作中，要监督电工严格按照操作规程施工，安装完毕后一定要进行一次实际的使用，看看安装开关和插座的地方是否有发热现象。如漏电开关的动作，各回路的绝缘电阻以及电器通电、灯具试亮、电视、电话、网络测试、开关测试控制等，检验合格后方能使用。

Q170：安装插座有哪些具体要求？

A：
1. 明装插座距地面应不低于1.8m。
2. 暗装插座距地面不低于0.3m，为防止儿童触电、用手指触摸或金属物插捅电源的孔眼，一定要选用带有保险挡片的安全插座。
3. 单相二眼插座的施工接线要求是：当孔眼横排列时为"左零右火"；竖排列时为"上火下零"。
4. 单相三眼插座的接线要求是：最上端的接地孔眼一定要与接地线接牢、接实、接对，决不能不接。余下的两孔眼按"左零右火"的规则接线，值得注意的是零线与保护接地线切不可错接或接为一体。
5. 强电与弱电插座保持50cm以上距离。
6. 空调、电冰箱应使用独立的、带有保护接地的三眼插座，为保证家人的绝对安全，抽油烟机的插座也要使用三眼插座，接地孔的保护决不可掉以轻心，严禁自做接地线接于煤气管道上，以免发生严重的火灾事故。

Q171：安装开关、插座有哪些常见的质量问题？如何预防？

A：开关、插座虽小，但对以后的日常生活影响很大，所以在安装的时候需要格外注意。开关插座安装常见的质量问题有：
1. 开关、插座的面板不平整，与墙面之间有缝隙；应调整面板位置，重新拧紧固定螺丝，使面板紧贴墙面。
2. 同一房间的开关、插座的安装高度之差超出允许偏差规定的范围；在预留盒时应进行检查。
3. 固定螺丝不统一，影响美观；要使用同一规格的螺丝。
4. 接线时开关未断相线，插座的相线、零线以及地线接线混乱；应按设计要求重新接线。
5. 开关、插座已安装好面板，但埋盒太深；应加套盒处理，防止盒内进入杂物。

Q172：厨房和卫生间的插座有什么特殊要求？

厨房和卫生间经常会非常潮湿，如果把水溅进了插座，一定非常危险。像这样潮湿的地方对插座有什么特殊要求？也就是说，什么样的插座才能保证在潮湿的地方安全使用呢？

A：对于插座，首先要考虑的就是它的安全性，尤其是厨房和卫生间这样易潮湿的地方。厨房和卫生间经常用水，有时也难免会出现水滴溅到插座上，甚至插口里的现象，这时如果使用插座就会很危险，而且时间长了也会导致插座内部生锈等，影响正常使用，严重者会引发短路、烧毁线路等。所以在布置插座的位置时，除了应尽量把插座安置得高一些外，插座的安全保护盖也是必不可少的，在挑选插座的时候应尽量选择带有保护盖的。其次，在购买插座时要检查一下插座夹片的紧固程度，插力平稳是一个关键因素。现在插座夹片的结构突破了传统的设计，大多采用强力挤压方式，大大增强了夹片与插头的配合，免除长时间使用时发热的顾虑，同时强力挤压使插头不易脱落，有效地减少了非人为因素的断电事故发生。

十五、施工常识

Q173：冬季施工应注意哪些问题？

我家要在冬季装修，北方的干燥天气让我很担心装修的质量，但是时间已经定了，冬天装修公司的工作比夏天要少一些，我想或许在冬天装修，工人会时间比较充足。但听说是有些工程是不适宜干燥的冬季来做的，我该怎么补救，才能保证装修质量？

A：1. 木材需要注意保湿

冬季装修，对木材的影响主要表现在温度和湿度两方面，温度过低或过高都会引起木材的不良反应，卷翘甚至开裂。尤其是当前木材市场上各种厂家的产品种类繁多，品质良莠不齐，建议业主应选择一些较知名品牌。在盯现场的时候，业主应及时与施工队沟通，主材尤其是大芯板、木龙骨等都应提前备齐，而且最好还要在有采暖设备的室内放置3～5天，以便让木材的含水率接近房子内部的水平，免得以后出现变形。

另外，木材运进装修现场后，大家要注意监督施工工人避免将其放在通风处及取暖设备之上，否则由于风干或受热会使其内部水分迅速流失，表面干裂出现裂纹及变形。而且冬季比较干燥，当湿度偏低时要减少通风，并在采暖设施附近放一盆水，促使其蒸发，这样，在装修过程中可使木材安然过冬。

对于一些木料，应该早点做封漆处理，封漆既可以防污也可以减少水分的流失。所有装饰面板都应该平放，最下面垫一张大芯板，上面压一张大芯板，不能立着放，这样就可以防止面板开裂、起翘。

2. 木工活儿要留出适当的施工缝隙

冬季铺实木地板时，四周要留出2mm左右的伸缩缝，否则会造成起鼓、悬空现象；门缝不宜太小，以免夏天膨胀发紧，不能开关自如。做家具时，接口缝需留出1mm左右，避免变形。进行石膏板吊顶作业时，石膏板之间、石膏板与墙面之间接缝的地方，均留出约1～2cm的缝隙，先用嵌缝补平，然后双贴牛皮纸，再批刮腻子。粘石膏线时让石膏板与顶面、墙面留有0.5cm左右的缝隙，用石膏粉加乳胶调和填缝，可防止石膏线开裂。

3. 腻子不可刮太厚

因为室内空气干燥，失水较快，油工前腻子不能刮太厚，否则易造成空鼓、开裂、墙面不平等现象。冬季刷墙最好时段是上午10时至下午4时之间，这一段时间气温相对较高，可以防止腻子冻结。

4. 油工活更要注意"保暖"

常用的混色涂料施工时的环境温度应在0℃以上，清漆施涂时的环境温度则不得低于8℃。因此，冬季装修施工时要注意紧闭门窗，保证室内气温至少不低于5℃。充分干燥后再敞开门窗通风。

5. 墙地砖温暖之后方可铺贴

无论是墙砖还是地砖，需从室外搬到室内过渡24小时，适应了室内温度后才能铺贴，以免施工后出现空鼓、脱落的现象。另外，砖铺贴之后应及时勾缝。

6. 沙子不能有冰块

沙子应仔细过筛，不能有冰块。搅拌砂浆时，水的温度不能超过80℃。水泥不能在露天施工，要作好防冻。

7. 冬季施工不要拆改暖气

在家庭装修中，一般供暖系统是禁止私自拆改的。尤其是在进入供暖季之后，暖气内已加压供水，如果施工稍有不当，就很容易导致"跑水"事故，造成难以弥补的损失。

另外，装修完成后，业主可以在各个房间放一盆清水增加室内湿度，这样可防止墙面、顶面、家具等干燥太快出现裂缝。

Q174：冬季装修适宜长时间开窗通风吗？

A：不适宜。开窗通风虽然有利于室内甲醛等有害物和油漆制品的挥发和干燥，但是由于冬季室外温度低，长期开窗通风会使漆变质甚至粉化，而且装修后没干透的墙面漆很容易被冻住，开春后墙面容易变色。所以冬季装修时，通风换气最好选在温暖的午后，而且每次通风的时间也不宜过长。

Q175：雨季装修更易造成污染吗？

因为个人的原因，我家的装修不得不推迟到夏天进行，我们这里夏天特别多雨，空气也比较潮湿，但是我很想赶紧把装修做完。一次偶然的机会，我在报纸上看到一种说法，说雨季装修更容易造成污染，真的是这样吗？有没有科学的依据？

A：是的。雨季具有空气潮湿、气压低等特点，此时装修室内空气比其他季节更易造成污染。这是因为：

1. 雨季来临之前，天气闷热，湿度加大，此时装修材料中有一些有毒有害气体的释放量会增加。
2. 在闷热的天气里，施工人员通过呼吸道、皮肤、汗腺等排放出的污染物会比平时更多。此外，为保护刚油漆或涂刷好的门、窗及墙面、顶棚等处不受蚊虫、苍蝇等破坏，还需要灭蚊、灭虫、杀菌，这样也会给室内空气造成污染。
3. 雨季装修时，需要对一些特殊的装修工序进行防潮、防湿和防尘处理，比如在对家具油漆和墙壁涂饰时，便需要紧闭门窗，这样就更容易造成室内污染物的大量积聚。
4. 阴雨天气压低，即便是把门窗全部打开，也会减弱室内外空气的正常对流，导致室内通风状况不佳，而装修材料中释放出来的一些有毒有害气体也会因此难以尽快消散。对于这一问题，建议业主在有条件的情况下尽量多通风，也可选择室内通风装置和对降低室内有害气体有效的空气净化装置。

Q176：夏季施工应注意哪些问题？

都说冬季做装修不太好，所以我本来打算在春天装修，但是开春之后公司临时有任务，派我去外地的子公司工作了两个月，装修的事情就耽搁了，时间一下就换到夏天，夏天温度高、湿度也高，如果在夏天装修的话，需要注意哪些问题呢？

A：1. 避免材料受潮

夏季装修，关键在防潮。夏季空气湿度大，一些易吸收水分的材料如木板、石膏板，在运送或存放的过程中处理不当，易受潮，受潮后的板材会生霉点。如果用板材做成的木龙骨、木器，在空气中逐渐干燥，材料中的水分挥发后，也易开裂变形，还会影响其他材料；如用板材做龙骨的石膏吊顶，因为板材的收缩系数比石膏大，木龙骨定型会直接导致石膏吊顶开裂，极易影响装修质量。

为避免材料受潮，要把材料放在室内通风干燥的地方，远离窗口和水源，注意支垫离地 10cm 以上，板材类上面一层稍加铺压；在仓库堆积的材料一般较潮，如果家中通风环境好，有放置材料的地方，可以把将要使用的易受潮材料早点买回来进行通风干燥，可最大限度地保证材料质量。半成品的木材、木地板或者是刚油漆好的家具，切勿急于求成放在太阳底下暴晒，应注意放在通风干燥的地方自然风干，否则材料不仅容易变形开裂，还会影响施工质量。

2. 贴砖前作好泡水处理

在铺贴地砖、墙砖之前，不能让饰面底层过于干燥，一般处理前应先泼上水，让其吸收半小时左右，再用水泥砂浆，以保证黏结得牢固。由于材料比平常更干燥，所以对于地砖、瓷砖等需要泡水处理的材料，要延长泡水处理的时间，使之充分接近饱和状态。这样，就不会因为瓷砖吸水不足，在同水泥黏结时出现空鼓、脱落的现象。

3. 刷漆作好基层腻子处理

雨天潮热，刷上油漆后干得慢，而且油漆吸收空气中的水分后，会产生一层雾面。夏季施工，在刮腻子前需先刷界面剂，阻止墙体碱性物质渗到乳胶漆上。

夏天潮湿，装修还会碰到乳胶漆因为干得慢，在潮热天气中发霉变味的问题。在工程中要作好基层腻子的干燥处理，墙壁要打三至四遍腻子后才可刷涂料。在每次打过腻子后，干燥时间要尽量延长，作好通风，尽可能减少室内水分。如果在腻子没干透的情况下，就重复打上腻子或刷涂料，把过多的水分锁在其中，墙体就会出现"出汗"现象，甚至大面积开裂。有的护墙发黑的原因主要是雨天外墙潮湿，潮气慢慢地从墙体渗透进来，而护墙木板油漆封死后潮气又无法向外散发，从而导致护墙发黑、油漆膜起翘。因此靠阳台做护墙一定要先作防渗处理。刮打腻子之前，用干布将潮湿水汽擦拭干净后再打，将所有门窗打开，保证及时通风。

4．注意善后保养

做好的水泥，隔三五天应放些水保养，以防开裂。如果刚用水泥抹好地面，务必干透才能铺设地板。如果是一楼，铺地板前最好用防水涂料刷一次。施工前，应详细阅读所有产品，如胶水、胶粘剂、油漆等化工产品的说明书，一定要在说明书所说的温度及环境下施工，以保证化工制品质量的稳定性。

夏季装修后还会遇到因各种味道散不去而影响人们健康的情况。建议多摆几盆绿色的植物或在屋内放几个柠檬、菠萝，这样可快速去除异味。

Q177：夏季如何保证施工安全？

这几年我们这里的夏天是越来越难熬了，温度特别高，还特别多"桑拿天"，就连晚上温度也不怎么降。在这样的环境下做装修，施工安全是我很担心的一个问题。请问有哪些方法可以保证夏天的施工安全呢？

A：1．做好室内通风工作

装修材料中的一些有毒有害气体，在夏季气温高、湿度大的情况下，其空气释放量会增加。为了避免在夏季装修污染"高发期"中受到伤害，除了要尽量选用无毒和少毒的装饰材料，还要做好装修房间的通风和空气净化，如没有条件，可选用室内通风装置和能降低室内有害气体的空气净化装置。

2．减少装修危险因素

夏季气温较高，气候干燥，施工现场材料堆放较多，从安全角度出发，材料尽量放在阴凉处，避免内部由于空气不流通、温度过高而引起燃烧造成火灾。夏季材料还要尽量减少在工地堆放，这样可以减少事故发生的隐患，另外，作业时的电器、工具尽量与材料保持一段距离，带电作业时尽量远离材料，最好将工作区域和材料区域作一个合理的划分。

3．提升施工安全指数

夏季天气炎热，人们衣着较少，进入工作区域应特别注意安全，切勿赤脚踏入工作区，也不要带电作业，改装电路应在绝缘、断电条件下进行。

Q178：施工现场应遵循哪些防火规定？

北方气候比较干燥，施工现场又有板材、油漆等这些易燃物品，有的工人还时不时抽支烟，这让我很不放心。请问施工现场有哪些防火规定呢？

A：

1．大量易燃物品应相对集中放置在安全区域并要有明显标志，施工现场不宜积存过多的可燃材料。

2. 在油漆喷涂等项施工中，应尽量避免敲打、碰撞、摩擦等可能出现火花的动作。配套使用的照明灯、电动机、电气开关，应有防爆装置。
3. 使用油漆等挥发性材料时，应注意随时封闭其容器。擦拭这类物质的沾污棉纱等物品应集中存放在贮有清水的密闭桶中，且远离热源。
4. 现场装修动用电气焊等明火时，必须清除周围及焊渣滴落区的可燃物质。
5. 施工现场须有良好的通风、照明等设备，每一施工区域都必须配备灭火器、沙箱或其他灭火工具。每一个施工人员都应懂得所配灭火工具的使用方法。
6. 严禁在木工操作现场吸烟和有其他明火，并不得存放油、棉纱等易燃品。
7. 严禁在运行中的压力管道、装有易燃易爆的容器和受力构件上进行焊接和切割。

Q179：施工现场用电用水应符合哪些规定？

我是第一次做装修，请的是一个熟人介绍的装修队，我平时上班，在现场监工的时间也不多，别的不说，我最担心的就是施工现场用水用电的安全问题。关于这个问题有哪些规定呢？

A：施工现场用电应符合以下规定：
1. 施工现场用电应单独设立临时供电系统，不得使用原住宅电源。
2. 安装、维修或拆除临时供电系统，必须由电工完成。电工等级应同工程的难易程度和技术复杂性相适应。
3. 临时供电系统严禁利用地线作相线或零线。
4. 临时用电线路必须避开易燃、易爆物品堆放地。
5. 暂停施工时必须切断电源。

施工现场用水应符合以下规定：
1. 不得在未做防水的地面蓄水。
2. 临时用水管不得有破损、滴漏。
3. 暂停施工时必须切断水源。

Q180：环保施工有哪些要求？

要想装一个环保的家，不仅要买符合环保要求的材料，施工过程也是应该格外留意的。我想知道在施工的环节，如何做到环保呢？有没有一些具体的指标供我参考？

A：
1. 住宅装饰装修中采用的稀释剂和溶剂不得使用苯（包括工业苯、石油苯、重质苯，不包括甲苯、二甲苯）。
2. 严禁使用苯、甲苯、二甲苯和汽油进行大面积除油和清除旧油漆作业。
3. 涂料、胶粘剂、处理剂、稀释剂和溶剂等使用后应及时封闭存放，废料应及时清出室内，严禁在室内用溶剂清洗施工用具。
4. 住宅装饰装修施工时应注意充分通风。
5. 进行人造木板拼接时，除芯板为 E1 级外，应对断面及边缘进行密封处理。
6. 住宅装饰装修后室内环境指标应达到下表的要求。

住宅装饰装修室内环境指标

污染物	指标	检测方法	
氡（BQ/m³）	≤ 100.00	GB/T14582	GB/T16147
甲醛 (mg/m³)	≤ 0.080	GB/T16129	GB/T18204.26
苯 (mg/m³)	≤ 0.087	GB11737	
氨 (mg/m³)	≤ 0.200	GB/T18204.25	
总挥发性有机物 TVOC(BQ/m³)	≤ 0.300	GB 11737	

十六、电路

Q181：电路改造的大致步骤有哪些？

A：电路改造的大致步骤有：
1. 定位置。根据客户要求，定好线路位置。
2. 弹线。要横平竖直。
3. 开槽。不要横向开槽。
4. 布管。线管连接处用直接头，拐弯处用弯头连接或弯管器小心弯曲，线管使用质量好的。

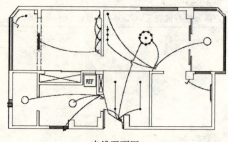

走线平面图

5. 穿线。要用分色线，一般用 2.5mm 铜线，空调用 4mm 铜线。
6. 固定。穿管后要对管进行固定，很多施工队不注意这些。
7. 提供走线平面图。很多人不重视这项，但今后如果发生问题，会造成很大的麻烦，所以一定要施工队提供图纸。
8. 测量验收。如果要检测强弱电有无问题，可直接用万用表检测是否通路，没有问题才可进行下面的工序。

Q182：电气改造如何保证安全施工？

电气改造是很重要的一项隐蔽工程，装修现场肯定有一些易燃的材料，又涉及电，所以安全性就格外重要，那么在施工过程当中，要保证电气改造的安全性，都有哪些具体的规定？

A：
1. 动力、照明、电热器等设备的高温部位靠近非 A 级材料或导线穿越 B2 级以下装修材料时，应采用岩棉、瓷管或玻璃棉等 A 级材料隔热。当照明灯具嵌入可燃装修材料中时，宜在灯具上加设灯帽等隔热措施予以分隔。
2. 配电箱的壳体和底板宜采用 A 级材料制作。配电箱不得安装在 B2 级以下（含 B2 级）的装修材料上。
3. 卤灯灯管附近的导线应采用玻璃丝、石棉、瓷珠（管）等耐热绝缘材料制成的护套,而不应直接使用具有延燃性绝缘的导线,以免灯管的高温破坏绝缘层,引起短路。

4. 镇流器安装时应注意通风散热,不得将镇流器直接固定在可燃顶棚、吊顶或墙壁上,应用隔热的不燃材料进行隔离。

5. 开关、插座必须安装在B1级以上的材料上,卫生间等潮湿场所应安装防水、防潮开关与插座。

顶面灯线未穿PVC管

6. 明敷塑料导线应穿管或加线槽板保护,导线不得裸露,吊顶内的导线应穿金属管或B1级PVC管保护,导线不应有任何裸露。

7. 安装灯具前应认真检查,发现损坏应及时修复或更换,灯具的灯头线不得有接头。

注:A级:不燃性建筑材料

　　B1级:难燃性建筑材料

　　B2级:可燃性建筑材料

　　B3级:易燃性建筑材料

Q183:合理布线应遵循哪些原则?

电气工程的改造很重要,而其中布线这一关也是让我头痛的一个问题,究竟怎样布线才最合理?主要是要保证以后使用的方便。

A:1. 卧室布线原则

一般应为7支路线,包括电源线、照明线、空调线、电视馈线、电话线、电脑线、报警线。

2. 走廊、过厅布线原则

应为2支路线,包括电源线、照明线。灯光应根据走廊长度、面积而定,如果较宽可安装顶灯、壁灯;如果狭窄,只能安装顶灯或透光玻璃顶。

3. 厨房布线原则

应为2支路线,包括电源线、照明线。电源线最好选用$4mm^2$线,电源接口距地不得低于50cm,避免因潮湿造成短路。照明灯光的开关,最好安装在厨房门的外侧。

4. 餐厅布线原则

应为3支路线,包括电源线、照明线、空调线。灯光照明最好选用暖色光源,开关宜选在门内侧。

5. 卫生间布线原则

应为3支线路,包括电源线、照明线、电话线。电源线以选用$4mm^2$线为宜,接口最好安装在不易受到水浸泡的部位。而照明灯光或镜灯开关,应放在门外侧。

6. 客厅布线原则

客厅布线一般应为8支路线，包括电源线（2.5mm² 铜线）、照明线（2.5mm² 铜线）、空调线（4mm² 铜线）、电视线（馈线）、电话线（4芯护套线）、电脑线（5类双脚线）、对讲器或门铃线（可选用4芯护套线，备用2芯）、报警线（指烟感，红外报警线，选用8芯护套线）。

7. 书房布线原则

应为7支线路，包括电源线、照明线、电视线、电话线、电脑线、空调线、报警线。

8. 阳台布线原则

应为2支线路：包括电源线、照明线。照明灯光应设在不影响晾衣物的墙壁上或暗装在挡板下方，开关应装在与阳台门相连的室内，不应安装在阳台内。

Q184：为什么电线不能简单地直接埋墙？

电线的入墙处理挺麻烦的，又要开槽，又要布管，这种活儿特别费时间。我可不可以买质量比较可靠的好电线，然后直接把电线埋进墙里？

A：为了房间内的美观，一般家庭都将电线入墙处理。然而，许多装修户都是简单地把电线直接埋进墙里。其实，这样做有非常大的危险隐患。首先，电线经过长时间的使用，包裹电线的胶皮会老化，而大电流通过时的反复加热和水泥墙面水分的时多时少，都会加速电线包皮的老化。一旦发生短路事故，不仅是烧毁电器，而且要重新更换全部电线，因为所有的电线都埋进了墙里，不知道哪里出了问题，只好全部更新。所以应该选用质量较好、线径较大的电线，并且在电线外再套上一个起保护作用的套管，然后再入墙。这样做虽然要多花点钱、费点事，但可以保证在较长时间里的用电安全，还是值得和必要的。

Q185：埋管线时的开槽处理需要注意哪些问题？

A：暗埋管线就必须要在墙壁上开槽，才能将管线埋入。有少数工人在进行开槽操

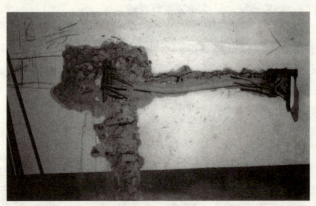

线路的布置，不能在墙体上横向开槽；要使用金属或者PVC电线护套管

作时野蛮施工，不仅破坏了建筑承重结构，还有可能给附近的其他管线造成损坏。所以在施工以前，业主一定要和施工队长确认管线的走线和位置。针对不同的墙体结构，开槽的要求也不一样，但是房屋内的承重墙是绝对不允许横向开槽的，而带有保温层的墙体在开槽之后，很容易在表面造成开裂。此外，还一定要禁止在地面上开槽，这样做会破坏楼板的安全系数，给楼层造成危险。

Q186：电气改造时管内穿线应注意哪些技术要点？

我知道有一些施工队为了赶工，尽在些隐蔽工程上做手脚，有的施工队电线都是直接埋墙，没有穿管的。以后要是出了问题就麻烦了。我可不想为了一时的速度，拿以后的用电安全开玩笑。请问电线穿管的时候，具体应该怎么操作？

A：

1. 按照规范标准和设计要求，电源插座高度300mm（暗装插座底口距地面）或者1800mm（明装插座），如电视柜、箱特殊位置的插座高度可在800mm，但插座孔一定要有遮挡保护板，防止儿童触电。空调机插座高度可在1800mm以上，开关板高度1400mm（底口距地面）。
2. 开线槽必须画线施工。线管的拐弯和接头必须用弯接头和直接头套接，接头处上接口胶。接线盒的四边有敲落孔。
3. 水平方向的布管线可在通龙骨上布，需垂直转弯时必须在龙骨敲落孔或另行打孔。
4. 阻燃塑料管和线盒应是同质的，不得用阻燃塑料管与金属线盒匹配混用。穿导管线的总截面（包括外皮）应不超过管内截面的40%，同类照明的几个回路，可以穿于同一管内，但管内导线总数不得多于8根，同时满足上述不得超过管内截面40%的规定。
5. 在可燃结构的吊顶内，不允许装设电容器；电器开关等易燃易爆的用电器具，如在吊顶内装设整流器时，应设金属箱装置。
6. 在吊顶内布线时，应在吊顶外设置开关，以便必须时切断吊顶内所有电气线路的电源。
7. 潮湿场所以及埋地的金属管布线，线管应将同一回路的各相导线穿在同一管内。
8. 金属管所有连接点（包括接线盒、拉线盒、灯头盒、开关盒等）均应加跨接导线与管路焊接牢固，使管路成一电气整体，跨接导线镀锌铁条的最小截面不小于6mm²。
9. 管内不允许有导线接头，所有导线

PVC管不应使用"三通"代替分线盒，弯管处未作活管处理，死弯不利于电线的更换和保护

接头应装设接线盒连接。
10. 每一单项回路的负荷电流一般应不超过 15A,并宜采用双极胶壳开关或空气自动开关控制和保护,导线之间与导线对地间的绝缘电阻值必须大于 0.5M。
11. 使用的导线其最小线径截面铜线 1.5mm,铜芯软线 $1mm^2$。

Q187:电气布线施工需要注意哪些问题?

我发现电气改造挺难的,光是布线这一个环节,就够麻烦的,那么多线路,都要走对走好,我这个装修门外汉看着这些线都头大了。但是如果线走错了,或者不符合安全规定,造成返工或者引起火灾事故,那麻烦更大。所以我想先弄清楚,布线的时候究竟有哪些问题是要特别注意的?

A:

1. 如果装修的是旧房,原有的铝线一定要更换成铜线。因为铝线极易氧化,其接头易打火,据调查,使用铝线的电气火灾的发生率为铜导线的几十倍。如果只换开关和插座,实际上是治表不治里,那会为住户今后的用电安全埋下隐患。

2. 电气布线时,要上下竖直,左右平直,一定要穿管走线,暗管铺设需用 PVC 管,明线铺设必须使用 PVC 线槽,管壁不可太软太薄,管壁厚度不少于 1.2mm,拐弯处要用 PVC 折弯连接,将 PVC 管弯曲 90 度,弯曲半径不得小于管径的 4 倍。这样做可以确保隐蔽的线路不被破坏。吊顶内也不允许有明露导线,切不可在墙上或地下开槽明铺导线之后,用水泥糊死了事,这会给以后的故障检修带来麻烦和隐患。

3. 在同一管内或同一线槽内,电线的数量不宜超过 4 根(国家标准要求管中电线的总截面积不能超过塑料管内截面积的 40%),而且弱电系统(包括电话线、网络线、电视天线等)与电力照明线不能同管铺设,以免发生漏电伤人毁物甚至着火的事故。

4. 线路接头过多或处理不当是引起短路、断路的主要原因。如果墙壁的防潮处理不太好,还会潮湿带电,所以线路要尽量作绝缘及

这根电线护套管厚度仅有 0.4mm,不符合施工规范

两个电线护套管平行相连布置,且接口已经分开,不知道这个电工有多高的技艺能把电线穿过去,拉到另一端

防潮处理,有条件的可以进行"涮锡"或使用接线端子。在家庭装修施工中,几乎所有的电线都是穿在PVC管中,暗埋在墙壁内,因此电线穿进PVC管后,业主根本看不见,而且更换比较难。如果工人在操作中不认真,会导致电线在管内扭结,造成用电隐患。甚至工人有意偷工减料,使用带接头的电线或将几股电线穿在同一根PVC管内。所以业主最好自己购买电线,然后在现场监督工人操作。

电线与燃气管道距离太近

5. 做好的线路要注意及时保护,以免出现地面线管被踩坏、墙壁线路被电锤打断、铺装地板时气钉枪打穿PVC线管或护套线而引起的线路损伤。
6. 在线路安装时,一定要严格遵守"火线进开关,零线进灯头,左零右火,接地在上"的规定。
7. 电线不得与水管、暖气管道离得太近,以免万一漏电时容易造成全楼通电,同时电线也不得与燃气管道距离过近,避免危险。以上的距离一般要不小于30cm。
8. 若要减少漏电、超负荷及触电之类的隐患,就必须在住宅分电盘的必要回路上加装"漏电断路器",大多数的新建住房都为业主加装了新式电表和"漏电断路器",但对老房改造就必须自行加装"漏电断路器",以确保安全,适应不断增加的电器使用要求。

Q188:家用电气设备安装有哪些具体的要求?

A:电气设备在安装时,必须保证质量,并应满足安全防火的各项要求。业主要把握好以下几点:

1. 要用合格的电气设备。破损的开关、灯头和破损的电线都不能使用。
2. 明装插座距地面应不低于1.8m;暗装插座距地面不低于0.3m,一定要选用带有保险挡片的安全插座;强电与弱电插座保持50cm以上距离。
3. 空调、电冰箱应使用独立的、带有保护接地的三眼插座;抽油烟机的插座也要使用三眼插座。
4. 暗装开关安装要求距地面1.2~1.4m,距门框水平距离15~20cm。开关的位置与灯位要相对应,同一室内的开关高度应一致。
5. 在施工中监督电工严格按照操作规程进行施工,如发现灯头、插座接线松动(特别是移动电器插头接线容易松动)、接触不良或有过热现象,要找电工及时处理。
6. 安装壁灯、床头灯、镜前灯等灯具时,高度低于2.4m的,灯具的金属外壳均应接地可靠,以保证使用安全(在配线时灯盒处应加一根接地导线);各种灯具应安装牢固、固定牢靠，不得使用木楔。
7. 吸顶式日光灯、射灯的安装要考虑到通风散热（如镇流器）、防火安全事宜。凡胶木灯口不可装 100W 以上的灯泡，白炽灯的灯口接线应把相线即火线接在灯口芯上。
8. 对在顶部灯池安装小射灯的用户，为了延长射灯的使用寿命，最好为每盏射灯加装一个变压器，没有变压器，射灯使不了几天就会被电流击穿，成为摆设，切记。

Q189：安装灯饰有哪些注意事项？

我特别喜欢灯饰，现在的灯饰设计得越来越漂亮了，装饰效果超级棒。每次只要看到喜欢的，我就爱不释手，想买回家。现在我已经买了不少大大小小、各种样式、类型的灯饰了，请问安装这些灯饰都有哪些注意事项呢？

A：
1. 吊顶上如有多盏筒灯，应根据设计图纸放线定位安装。吊顶如是轻钢龙骨石膏板防火材料时可开孔直接安装灯具，如是木结构吊顶则必须在开灯孔处作防火隔热处理。
2. 吸顶灯重量超过 1kg 时，宜在原顶棚上打木榫或打膨胀螺栓进行安装。
3. 装饰灯槽内装日光灯，下面应垫绝缘隔热材料，导线穿绝缘阻燃管。
4. 壁灯、地灯、床头灯安装高度宜在灯座底口距地面 1800mm、300mm、400mm 处。
5. 台、落地灯应用插座供给电源。2400mm 以下的灯金属外壳必须做好接地接零保护。
6. 应急照明购置成品灯，安装在走道和出口显眼易开启的位置。
7. 射灯安装时，导轨与支架必须附着基本牢固。
8. 照明灯具应分别单独安装开关，组合灯具可分组控制。根据需要可安装双控开关。
9. 灯泡容量为 100W 以下时，可用塑料灯头。100W 以上及防潮封闭型灯具用瓷质灯头。
10. 根据使用情况及灯罩型号不同，灯具可采用卡口或螺口。采用螺口灯时，线路相线应接入螺口灯的中心弹簧片，零线接于螺口部分。
11. 灯具内部的配线应采用截面小于 $0.4mm^2$ 的导线。灯具的软线两端在接入灯口之前，均应压扁并刷锡，使软线端螺丝接触良好。
12. 灯具接地保护，必须有灯具专用接地螺丝并加垫圈和弹簧垫圈压紧。
13. 各式灯具当装在易燃结构部位时，必须通风散热良好并作好防火隔热处理。
14. 吊顶灯具的重量超过 3kg 时，应预埋吊钩或螺栓；软线吊灯限于 1kg 以下，超过者应加吊链。固定灯具用的螺钉或螺栓应不少于 2 个，承台直径在 75mm 以下时，可以用 1 个螺钉或螺栓固定。在砖或混凝土结构上安装灯具时，应预埋吊钩、螺栓（螺钉）或采用沉头式膨胀螺栓塑料胀管固定。
15. 荧光灯（日光灯）暗装时，其附件装设位置应使于维护检修。

16. 普通吊顶灯采用软导线自身做吊线时，只适用于灯具重量在1kg以下者，大于1kg的灯具应采用吊链。
17. 轻钢龙骨吊顶内安装灯具，不能使轻钢龙骨承受负荷，凡灯具重量在3kg以下者，必须在主龙骨上安装，3kg及3kg以上者，必须预埋下铁件固定。

Q190：电气设备安装常见的错误有哪些？

在家庭电气设备安装上，常常存在很多不规范的地方，给人们健康安全的生活带来种种隐患，这方面的事故真的是太常见了。具体而言，有哪些常见的错误会导致电气设备出现故障呢？

A：电气设备安装常见的问题有以下几种：
1. 为了美观，插座被装在较低的隐蔽位置。这样容易在拖地时，让水溅到插座里，从而导致漏电事故。
2. 插座导线使用铝线，极易氧化，接头处容易打火。
3. 插座缺少防护措施，特别是厨房和卫生间内经常会有水和油烟、油污、水汽侵入会引起短路。
4. 多个电器共用同一插座，常使电器超负荷运行，从而引起火灾。
5. 为了追求灯光效应，安装过多射灯，造成严重的光污染，影响居住者身体健康。过多的灯具上还会积聚很大热量，时间一长易引发火灾。

Q191：电路改造时使用电线应注意哪些原则？

我家正在进行电路改造，需要购买各种不同的电线，请问一般都需要哪些型号的线？穿线的时候要注意什么？

A：电路改造使用电线应注意：
1. 应规范布线，固定线路最好采用BV单芯线穿管，注重在布线、房间装潢时不要碰坏电线；在一路线里中间不要接头，电线接入电器箱（盒）时不要碰线。
2. 用电量较大的家用电器，如空调等应单独一路电线供电，弱电、强电用的电线最好保持一定距离。
3. 家用电源线应采用BVV2×2.5和BVV2×1.5型号的电线。BVV是国家标准代号，为铜质护套线，2×2.5和2×1.5分别代表2芯2.5mm^{2}和2芯1.5mm^2。一般情况下，2×2.5做主线、干线，2×1.5做单个电器支线、开关线。单相空调专线用BVV2×4，另配专用地线。

Q192：电路改造时怎样做才能方便检修？

电路改造当然应该特别注意，但是再怎么留心，时间长了，电路难免老化，或者出现一些故障，有没有什么办法可以在电路出现故障的时候快速找到线路位置，方便及时检修，减少损失？

A：电工管线刚一铺完，没封槽之前，就应该要求工人画出走线平面图，把这些墙壁编上号码，接着用笔画出电线的走向及具体位置，注明上距楼板、下离地面及邻近墙面的方位，测量后用准确数值标注出来，特别应标明管线的接头位置，这样一旦出现故障，马上可查找线路位置，有效地进行检修。这是现在绝大多数人都忽略的一点，有条件的业主最好自己再用数码照相机拍照进行记录。

十七、上下水

Q193：水路改造的大致步骤有哪些？

A：水路改造应遵循以下步骤：
1. 定位置。根据用户要求，定好位置。
2. 弹线。要横平竖直。
3. 开槽。不要横向开槽。
4. 接管。线路尽量不要走地面，应走吊顶上，将来方便检修。
5. 固定。接完的管一定要固定。
6. 打压。一些施工队伍没有打压设备，在水路改造完成后，用户一定要求做打压试验。
7. 走线平面图。同电路改造一样，在管路封闭前，要求施工队提供水路改造平面图。
8. 测量验收。打压完成后，根据实际改造情况测量。在水路改造后，一定要对卫生间重新作防水实验。

Q194：如何选到放心水管？

市面上的水管种类特别多，价格相差也比较大，看得我眼花缭乱，不知道到底选哪种好。水管虽然小，但是关系重大，在这样的小物件方面，我向来最看重的不是价格，而是质量。在这么多水管当中，我究竟该如何选择呢？不同材质的管材各有什么样的优缺点？

A：市面上的管材质量良莠不齐，在选择的时候必须要擦亮双眼，仔细鉴别。目前常用的管材主要有铝塑复合管、PP-R 管、铜管这三种。

1. 铝塑复合管

铝塑复合管是市面上较为流行的一种管材，质轻、耐用而且施工方便，其可弯曲性更适合在家装中使用。主要缺点是在用作热水管使用时，由于长期的热胀冷缩可能会造成卡套式连接错位以致造成渗漏。

消费者在选购时首先应注意检查产品外观。品质优良的铝复合管，一般外壁光滑，管壁上商标、规格、适用温度、米数等标志清楚，厂家在管壁上还打印了生产编号，以备随时监控产品质量；产品包装精良，包装上的各种标志同样清楚，生产厂家名称、地址、电话等均印刷在显要位置上。而伪劣产品一般外壁粗糙、标志不清或不全、包装简单、厂址或电话不明。

2. PP-R管

作为一种新型的水管材料，PP-R管具有得天独厚的优势，无毒、质轻、耐压、耐腐蚀，也不易腐蚀生锈，但市面上存在大量的假冒产品，如不注意鉴别，就可能上当受骗买回劣质水管。因此消费者在挑选时可参照以下几点识别方法：

真PP-R管的产品名称应为"冷热水用聚丙烯管"或"冷热水用PP-R管"，凡冠以超细粒子改性聚丙烯管（PP-R）或PP-R冷水管、PP-R热水管、PP-E管等非正规名称的均为伪PP-R管。

伪PP-R管的密度比真PP-R管略大。

真PP-R管呈白色亚光或其他色彩的亚光，伪PP-R管光泽明亮或色彩鲜艳。

真PP-R管完全不透光，伪PP-R管轻微透光或半透光。

真PP-R管手感柔和，伪PP-R管手感光滑。

真PP-R管落地声较沉闷，伪PP-R管落地声较清脆。

3. 铜管

铜管具有耐腐蚀、抗菌等优点，是水管中的上等品。但铜管的缺点是导热快，所以有名的铜管厂商生产的热水管外面都覆有防止热量散发的塑料和发泡剂。

消费者在选择时应当选用保温型铜水管，这样可以避免寒冻季节铜水管不会因受冻阻塞胀爆，也不会在用热水时散失热量，最大限度地减少了能源浪费。

此外，市场上的不锈钢管与铜管性能类似，但由于价格高昂，再加上施工困难，因此不适合家庭装修采用。

Q195：如何确保水路改造施工的安全性？

水路改造的安全性相当重要，要不然到时候频频出现水管渗漏的问题，麻烦就大了，在实际施工当中，我该怎么做才能保证水路改造的安全性呢？

A：要想在家庭装修的水路改造中保证安全，必须做到：

1. 埋在墙里的水管部分千万不要有接头，一定要是一根完整的管子。水路改造属于隐蔽工程，虽然水管埋在墙里，装修完成后看不见，但是和电路改造一样，它们的质量都直接关系到业主的安全问题，所以这点钱一定不能省，否则一旦有接头的管子出现渗漏，就需要重新检修和更换，真是既费时费力又费钱。
2. 管道穿越楼板、屋面时，应采取严格的防水措施，穿越点两侧应设固定支架。
3. 原有的下水管、地漏的位置最好别改变，改不好的话，最容易泛水。
4. 检查水管给水是否通畅，接头弯头位置是否出现水珠或者渗漏。
5. 在水路施工完毕后，将所有的水盆、面盆和浴缸注满水，然后同时放水，看看下水是否通畅、管路是否有渗漏的问题。
6. 下水改造要采用最简洁的布管线路，尽量减少弯头、三通的数量，否则会影响水流的大小，最重要的是减少接头处渗漏的几率。冷热水安装应左热右冷，安装冷热水管平行间距不小于20mm。

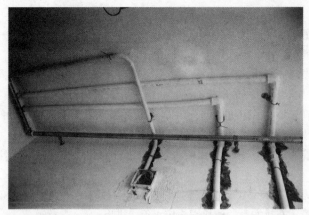

水路布线埋入墙体的，不应有接口，必须使用专用管卡固定，如果热水管和电线管紧连在一起，电线会变形，时间长了还可能引起短路

Q196：铺水管时走墙顶好还是走地面好？

我家装修请的是装修队，昨天施工的工人问我水管是走墙顶还是走地面，还说走墙顶的距离远，施工难度大，还要另外加钱。我也不知道水管走墙顶和走地面到底哪个好。

A：水管铺设建议沿着墙顶走，用吊顶等来修饰，千万不要在地板下走，一旦漏水你一定会后悔莫及。因为水路改造大部分走暗管，而水的特性是水往低处流，如果管路走地下，一旦发生漏水很难及时发现，只有"水漫金山"或者地板变形以至漏到楼下后，才会发现漏水，且由于水管暗埋很难查出漏水之处，这时巨大的损失更是无法挽回，而且也会严重影响邻里关系。有些施工人员将水管埋在地下，而瓦工铺地砖有空鼓，结果地面瓷砖以及地面的洁具都会对水管形成一定的压力，经过长时间后就会导致水管磨损，造成渗漏。如果水管走顶部，可能水路改造时费用高些，但作为一项长远投资来看，是值得的。水管走顶，即使漏水，也能够及时发现，便于检修，损失也较小。

水管走顶是正确的，但图片中的冷热水管悬在空中，未用固定卡固定，这种操作方法不符合施工规范

Q197：给排水管道排管有哪些要求？

我家马上就要安装给排水的管道了，工人说我家的厨房和卫生间形状都不规则，排管有难度。我深知排管很重要，生怕出现问题。请问给排水管道的排管应该遵循

哪些基本要求？

A：给排水管道的排管需要遵循以下要求：

1. 冷水管道与热水管道间距大于 20mm。
2. 冷热水管道与电气管道间距在同一平面时应大于 150mm，不同平面时应大于 70mm。电气管道在热水管上部时间距不少于 200mm。
3. 管外径在 25mm 以下的给水管道，在转角、水表、水表头或角阀及管道终端的 100mm 处应设管卡，管卡安装必须牢固。
4. 冷热水管道安装完毕，经加压测试 2 小时，在确认管道无渗漏情况下可对管道给以隐蔽。
5. 测试压力应为 0.6MPa，持续时间应为 2 小时，在 1 小时内不得低于 0.05MPa。
6. 冷热水管应左热右冷，连接端头应水平、进出一致。

Q198：给排水及采暖管件安装的间距有哪些规定？

给排水管道之间的排管距离非常重要，一定要符合规范，日后使用起来才方便，采暖管也是同样的道理。我只知道排管间距的重要性，但是不清楚具体的数据是多少。请问关于给排水管和采暖管的排管间距有没有什么明确的规定？

A：金属管管道支架的最大间距见下表：

公称直径(mm)		15	20	25	32	40	50	70	80	100	125	150
支架的最大间距(m)	保温管	2	2.5	2.5	2.5	3	3	4	4	4.5	6	7
	不保温管	2.5	3	3.5	4	4.5	5	6	6	6.5	7	8

塑料管及复合管管道支架的最大间距见下表：

管径（mm）		12	14	16	18	20	25	32	40	50	63	75	90
最大间距(m)	立管	0.5	0.6	0.7	0.8	0.9	1.0	1.1	1.3	1.6	1.8	2.0	2.2
	横管 冷水管	0.4	0.4	0.5	0.5	0.6	0.7	0.8	0.9	1.0	1.1	1.2	1.35
	横管 热水管	0.2	0.2	0.25	0.3	0.3	0.35	0.4	0.5	0.6	0.7	0.8	

排水塑料管管道支架最大间距（m）见下表：

公称直径(mm)	50	75	110	125	160
立管	1.2	1.5	2.0	2.0	2.0
横管	0.5	0.75	1.1	1.3	1.6

铜管管道支架最大间距（m）见下表：

公称直径（mm）	15	20	25	32	40	50	75	100	125	150	200
立管	1.8	2.4	3	3	3	3.5	3.5	3.5	3.5	4	4
横管	1.2	1.8	2.4	2.4	2.4	3	3	3	3	3.5	3.5

Q199：给排水管件安装的技术要点有哪些？

A：PPC（硬质）管、件安装技术要点：管材端头切割应垂直，裁口应理光滑，外表与管件内壁应清理。将配套的 PPC 胶水均匀涂刷管材的承插端头、壁面，匀力插入管件，校正管材与管件在同一轴线，待凝固 12 小时后可测压。

三净紫铜管、件安装技术要点：如采用丝牙连接的铜管，安装可参照燃气管道安装工艺。如采用铜焊，焊缝应严密一致，管材、管件在同一轴线上。焊接时应注意防火，必须配备灭火器。贯通后即可测压。

PVC 排水管、件安装技术要点：
1. 移位的按设计要求开槽，增加适当距离的移位器，检查原下水是否畅通。
2. PVC 管裁管，管口应垂直，裁口应处理光滑，用专用胶水均匀涂抹，端口壁面插入接口，匀力插入接口底部，校正方位后待凝固。
3. 管道排水坡向应有 5% 落差，管道走向如影响饰面层的要埋置，应留有足够的饰面间距，如需地面开槽的，在无渗漏情况下作防水处理后覆盖。
4. 当设计集中排水时，检查使用功能组合是否合理，要保证畅通而不倒泛水或地漏冒水。
5. 排污管道移位，宜采用移位器，移位器应用防水泥砂浆固定。

Q200：塑料排水管道如何进行成品保护？

A：塑料排水管道的成品保护需要注意：
1. 安装好的管道尤其是立管，在距离地面 2m 以下时应绑扎板材保护。
2. 严禁利用安装好的管道作为脚手架的支点，也不能作为安全带的挂点或者吊顶的吊杆吊点。
3. 不能用明火烘烤塑料管，以免变形。
4. 涂料粉刷前，应将管道包裹好，防止涂料污染。
5. 管道安装好后，要将所有管口封堵，防止杂物进入造成管道堵塞。

Q201：PP-R 热熔管件安装有哪些技术要点？

A：PP-R 热熔管件的安装需要注意以下技术要点：
1. 排管所用管件宜用同种品牌型号，对性能相同不同牌号材料应经试验，判定连接质量能够得到保证后方可混用。

2. 管材端头切割应垂直，保证管材插入有足够的熔融区。热熔前，应清除连接面上的污物。
3. 校正待连接的管材、管件，使其在同一轴线上，防止偏心，造成熔接不牢固、气密性不好现象。
4. 应用均外力插入承口，保证管材、管件在同一轴线，使接头上能够形成均匀一致的凸缘约 1~2mm，从而保证接头质量。
5. 接口插入深度应控制在规定的范围内，否则会增大管件局部阻力或不牢固，耐压强度达不到要求。
6. 热熔管径的大小与使用的机械功能中升温标准、时间有关，必须按热熔胶接机械功能要求及操作说明中的标准操作。1 小时后可测压。

Q202：给水管道和阀门安装的允许偏差应符合什么规定？

管道的安装、阀门的安装都是可能出现误差的，如果误差小不会有什么大问题，一旦误差大就有隐患了。但是我也不知道我家安装的管道阀门有没有超出"安全线"。一般来说，管道和阀门允许的误差是多少？

A：管道和阀门的允许偏差见下表：

		项目	允许偏差（mm）
横管弯曲度	钢管	每 1m	1
		全长（25m 以上）	⩾25
	塑料管复合管	每 1m	1.5
		全长（25m 以上）	⩾25
立管垂直度	钢管	每 1m	3
		全长（5m 以上）	⩾8
	塑料管复合管	每 1m	2
		全长（5m 以上）	⩾8

Q203：采暖管件应该怎么安装？

我家新买的采暖管颜色鲜亮，设计感很强，和室内的装修相得益彰，是我转了好几天家居用品店才挑中的。听别人说采暖器的使用的好坏和安装有很大关系，我想先问问清楚，采暖管件的安装步骤是怎样的？有没有什么需要注意的问题？

A：采暖管、件安装施工程序：对所用采暖管、件进行检查→按设要求对供暖管道进行管段的组对与焊接→定位、安装管道支架及伸缩补偿器→将焊接的管道就位，并调整间距、坡度及坡向→安装散热器件→压力实验→作防腐、保温、上漆处理。

在实际操作中，应该注意：管道焊接时，焊口须清刷干净，焊接电源大小要合适。安装补偿器时，要进行拉伸或预撑。管材绞牙固定后不得回绞。采暖管道的防腐处理要没有遗漏，保温层要严密，保护及上漆要严密均匀。

Q204：水路改造中为什么会出现饮用水污染问题？

我听说水路改造如果操作不当的话，很容易造成饮用水污染问题，水在日常生活中多重要啊，每天都缺不了的，如果真是这样的话，简直太可怕了。我想知道哪些情况可能导致饮用水污染的问题，饮用污染水对人体会产生哪些危害？

A：装修造成饮用水污染主要有几种情况：管道材料本身含重金属铅等物质，在使用中铅从管道中析出直接造成饮用水污染；管材的氧渗透和透光易使管道内滋生细菌、水垢等，造成饮用水生物性污染；管道被接触的外部材料如装修中的防水材料、胶粘剂、溶剂型油漆等渗透，造成饮用水化学性污染。饮用水污染的后果是相当严重的，通过饮水污染物进入人体，会使人发生急性或慢性中毒。更为严重的是，被污染的水中如果含有丙烯腈，会致人体遗传物质突变；水中如含有砷、镍、铬等无机物和亚硝胺等有机污染物，可诱发肿瘤的形成；甲基汞等污染物可通过母体干扰正常胚胎发育过程，使胚胎发育异常而出现先天性畸形。为此，家庭装修必须警惕饮用水污染，在装修中和装修后都应做好饮用水水质的检测工作。

Q205：如何避免出现饮用水污染的问题？

A：要避免饮用水污染，需要从选材和施工这两个方面加以注意。

1. 选材方面

为了避免水污染的发生，消费者在装修中安装和更换的饮水管必须要满足健康的需求，水管的各项卫生指标必须符合国家标准才能使用。特别是国家禁止使用的PVC管和污染环境的防水材料。一方面要保证管道材料不会对水质产生污染，比如镀锌管道的污染、PVC管道的铅污染等。另一方面选择水管同时还要看所用管道能不能抵御外界环境中的污染物渗透，从而污染饮用水的水质。尤其值得注意的是，在购买目前比较常见的PPR管材的时候，一定要注意PPR管材的颜色。按国家标准规定，冷热水用聚丙烯（PPR）管材应不透光，因为管材透光会使管内的水介质滋生细菌，从而造成对水质的二次污染，给消费者的身体健康带来危害。而PPR生产厂家为了使管材外观看起来洁净、美观，都把PPR管做成浅色或透明的，这就使PPR存在严重的性能缺陷，不适宜作供水管。建议广大消费者在购买供水管材时，不要选择透光的PPR管材。

2. 施工方面

装修公司在装饰装修工程施工中，应当严格按照国家装饰装修工程施工规范操作，保证饮用水管道装修和改造的工程质量，保障人身健康和财产安全，符合工程建设的强制性标准。具体说来，卫生间和厨房地面防水施工一定按照国家规范要求，严格注意管道与防水材料的隔离。嵌入墙体、地面的管道应进行防腐处理并用水泥砂浆保护，嵌入地面的管道厚度不小于10mm。

Q206：如果装修中出现了饮用水污染，会有什么表现？

我家的装修刚刚结束，有时候打开水龙头，会发现颜色很黄的水流出来，杂带少量泥沙。出现这样的情况是不是就说明我家的饮用水被污染了？一般来说，饮用水污染会有哪些具体的表现呢？

A：如果装修中出现了饮用水污染的问题，通常会有以下几种表现：
1. 新装修房的饮用水中有异味，经常有油漆类的气味，特别是每天早上气味比较重；
2. 新装修房的饮用水中有异物，特别是由于出差等长时间不用水的时候会比较明显；
3. 新装修房的饮用水中有颜色、混浊；
4. 家中孕妇或者儿童体检血铅比较高，甚至发生儿童铅中毒的现象；
5. 入住新房以后，家人共同发生不明原因的疾病和不适。

如果业主家出现了以上这些情况，就要考虑是装修中出现了水污染问题，应及时治理。

Q207：卫生间水路安装容易出现哪些问题？

家庭装修最害怕的情景之一就是"水漫金山"，我家住在9层，万一水路安装出了问题，可真是"城门失火殃及池鱼"了。据我所知，卫生间的水路安装是最容易出现问题的。那么常出现的问题有哪几种？应该怎么预防和应对呢？

A：卫生间水路安装容易出现的问题有：
1. 水管漏水。假设水管及管体本身没有质量问题，那么冷水管漏水一般是水管和管件连接时密封没有做好；热水管漏水除密封没有做好外，还可能是密封材料选用不当。
2. 水流小。施工时，为了把整个线路连接起来，要在锯好的水管上套螺纹，如果螺纹过长，在连接时水管旋入管件（如弯头）过深，就会造成截面变小，水流也就小了。
3. 软管爆裂。连接主管到洁具的管路大多使用蛇形软管。如果软管质量低劣或水暖工安装时把软管拧得过紧，使用时间不长就会使软管爆裂。
4. 冲水时溢水。安装马桶时底座凹槽部位没有用法兰密封，冲水时就会从底座与地面之间的缝隙溢出污水。
5. 盥洗盆下水返异味。装修完工的卫生间，面盆位置经常会移到与下水入口相错的地方，买面盆时配带的下水管往往难以直接使用。安装工人为图省事，一般又不做S弯，造成洗面盆与下水管道的直通，异味就从下水道返上来。
6. 卫生间下水管和厨房下水管与下水道的连接处有异味。这些地方如果没有严格的密封也会成为下水道臭味进入室内的通道。由于下水接口处都在比较隐蔽的地方，装修完工验收时容易忽视，应该引起用户的注意。具体做法，是请装修工人将接口处的缝隙用玻璃胶或其他胶粘剂封住，使气体无法散发出来。

Q208：怎样进行水路验收？

A：在水路改造完毕，首先对所施工管道水管作出水实验，看出水是否顺畅，这一步非常重要，能够防止 PP-R 等塑料管在热熔接中不慎堵塞，这种情况在打压测试中是无法测试出结果的。

如果出水测试没有异常，就封堵各出水口，关闭水表及入户总阀（这点一定要注意，不然后面的打压实验会把家里的水表弄坏），用软管连接冷热水管分别进行打压试验，这样的打压是对整个房间给水管进行完全实验而不是部分实验。

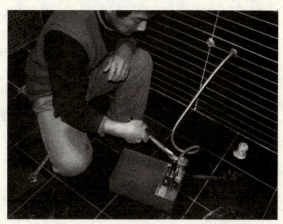

水路打压实验

水路打压测试可采用手动打压机测试，用打压机打到 6 到 8 个大气压（0.6～0.8MPa），持续 30 分钟以上，在此期间观察压力降不大于 0.1 个大气压，如掉压超出这个数字，就必须检查堵丝接口，总入户阀等处是否回（渗）水，找出原因后重新打压测试。减压 2～3 小时以后才能封管，没有作打压测试不能封管。注意：不能简单以平常状态下自来水管是否渗漏代替打压实验，一般施工队因无此设备，往往用此办法糊弄用户。

Q209：防水处理有哪些技术要求？

A：家庭装修的防水处理需要注意以下几点：
1. 基层表面不得有凹凸不平、松动、空鼓、起砂、开裂等缺陷，含水率应小于 9%。泛水应符合设计要求。
2. 防水砂浆与基层结合牢固无空鼓，表面平整，密实，无裂缝和麻面起沙，阴阳角做成圆弧形或呈钝角，规矩顺直。易发生渗漏的部位收头圆滑，结合严密平顺。
3. 保护层水泥砂浆厚度、强度须满足设计要求，操作时严禁破坏防水层，表面平整，密实，坡度正确。
4. 涂膜防水底胶涂刷应均匀一致，不得漏刷。常温 4 小时后，手感不粘时，才可做下道工序。

Q210：防水工程如何选择涂料？

防水涂料的使用，不仅关系到住宅装修的整体效果，而且与住户的身体健康密

切相关。如果防水涂料含有毒性，那将成为家居中的隐形杀手。因此，我想知道的是现在市面上的防水涂料有哪几种？安全无毒的防水涂料有没有检测合格的凭据？

A：目前，市场上的防水涂料有两大类：一是聚氨酯类防水涂料。这类材料一般是由聚氨酯与煤焦油作为原材料制成。它所挥发的焦油气毒性大，且不容易清除，已经被明令禁止使用。尚在销售的聚氨酯防水涂料（又称高聚合物改性沥青防水涂料），是用沥青代替煤焦油作为原料。但在使用这种涂料时，一般采用含有甲苯、二甲苯等有机溶剂来稀释，因而也含有毒性；另一类为聚合物水泥基防水涂料（又称合成高分子防水涂料）。它是由多种水性聚合物合成的乳液与掺有各种添加剂的优质水泥组成，聚合物（树脂）的柔性与水泥的刚性结为一体，使得它在抗渗性与稳定性方面表现优异。它的优点是施工方便，综合造价低，工期短，且无毒环保。因此，聚合物水泥基已成为家装防水工程的首选。

消费者在选购时应当注意，防水涂料是否有国家认可的检测中心（CMA）所检测核发的检测报告、产品检测报告和产品合格证，此外还可以留意产品包装上所注明的产地，以避免购买到劣质有毒的产品。

Q211：涂膜防水层施工对材料有哪些要求？

防水工程肯定对材料的要求是比较高的，请问防水涂料质量的优劣都有哪些考量项目？它的性能需要达到什么标准呢？

A：常用于涂膜防水的涂料可分成两大类：高聚合物改性沥青防水涂料与合成高分子防水涂料。

防水涂料的质量标准如下所示：

高聚合物改性沥青防水涂料的物理性能

项目		性能要求
固含量（%）		≥ 43
耐热度（80℃，5h）		无流淌、起泡和滑动
柔性（-10℃）		3mm 厚，绕 φ20mm 圆棒无裂纹、断裂
不透水性	压力（MPa）	≥ 0.1
	保持时间（min）	≥ 30
延伸（20±2℃拉伸，mm）		≥ 4.5

合成高分子防水涂料物理性能

项目	性能要求		
	反应固化型	挥发固化型	聚合物水泥涂料
固含量（%）	≥ 94	≥ 65	≥ 65
拉伸强度（MPa）	≥ 1.65	≥ 1.5	≥ 1.2
断裂延伸率（%）	≥ 350	≥ 300	≥ 200

续表

项目		性能要求		
		反应固化型	挥发固化型	聚合物水泥涂料
柔性（℃）		−30，弯折无裂纹	−20，弯折无裂纹	−10，绕 ϕ10mm 棒无裂纹
不透水性	压力（MPa）		≥ 0.3	
	保持时间（min）		≥ 30	

Q212：刷防水涂料有哪些验收标准？

刷防水涂料如果刷得不好，防水就等于白做了，这个道理我明白。可是究竟要刷到怎样的标准才算合格呢？墙面防水是必须做的吗？

A：防水涂料的刷涂要达到以下标准：

1. 刷防水涂料时要涂满、无遗漏，与基层结合牢固，无裂纹、无气泡、无脱落现象，基层表面要平整，不得有空鼓、起砂、开裂等缺陷。地漏、阴阳角、管道等地方要多做一次防水。

2. 接缝处要涂刷到位。墙与地面之间的接缝、上下水管道与地面的接缝处以及"地漏"处是最容易出现问题的地方，因此装修时一定要督促工人处理好这些边边角角，防水涂料一定要涂抹到位。应当要求装修队给厨房、卫生间的上下水管一律做好水泥护根，即从地面起向上刷 10～20cm 的防水涂料，然后地面再重做防水，加上原防水层，组成复合性防水层，以增强防水性。

3. 一定要做墙面防水。卫生间洗浴时水会溅到邻近的墙上，如没有防水层的保护，隔壁墙和对顶角墙易因潮湿而发生霉变。所以一定要在铺墙面瓷砖之前，做好墙面防水。一般墙面要做 30cm 高的防水处理，但是非承重的轻体墙，就要将整面墙做防水处理，至少也要做到1.8m高，与淋浴位置邻近的墙面防水也要做到1.8m高。若使用浴缸，与浴缸相邻的墙面防水涂料的高度要高于浴缸的上沿。

4. 墙内水管凹槽也要做防水。施工过程中在管道凹槽、地漏等地方，其孔洞周边的防水层必须认真施工。墙体内埋水管，做到合理布局，铺设水管一律做大于管径的凹槽，槽内抹灰圆滑，然后凹槽内刷防水涂料，这样就算今后跑水也不会弄湿墙里面。

Q213：刷防水涂料的流程是怎样的？

我们家的工人做防水的时候，只刷了两遍，他们说这个厚度可以了，可我还是不太放心，涂料应该刷几遍？真的是两遍就可以试水、验收了吗？完整的工作流程究竟是怎样的？

A：刷防水涂料的具体流程如下：

清理基层表面→细部处理→配制底胶→涂刷底胶（相当于冷底子油）→细部附中层

施工→第一遍涂膜→第二遍涂膜→第三遍涂膜、防水层施工→防水层一次试水→保护层饰面层施工→防水层第二次试水→防水层验收。

Q214：防水实验怎么做才算合格？

防水工程完成后的验收实验是很关键的，我们家作防水实验时，卫生间地面蓄水是从晚上施工人员下班离开开始，经过一夜，第二天早上到楼下看看没问题就结束了，大概10个小时。他们说以前都是这样做的，我怎么记得书上说防水实验要完成24小时以上才可以？

A：在防水工程做完待干后，封好门口及下水口，在卫生间地面蓄满水达到一定液面高度，并做上记号，告知楼下用户注意，24小时内液面若无明显下降，特别楼下住家的房顶没有发生渗漏，防水就做合格了。如验收不合格，防水工程必须整体重做后，重新进行验收。这种24小时的防水实验，是保证卫生间防水工程质量的关键。对于轻质墙体防水施工的验收，应采取淋水试验，即使用水管在做好防水涂料的墙面上自上而下不间断喷淋3分钟，4小时以后观察墙体的另一侧是否会出现渗透现象，如果无渗透现象出现即可认为墙面防水施工验收合格。

十八、吊顶工程

Q215：常见的吊顶有哪几种主要类型？

我家的房子层高还算比较高，很适合做吊顶，而且我也很喜欢吊顶的装饰效果。现在比较常见的吊顶有哪几类？各有什么样的特点？客厅、厨房、卫生间、阳台都适合什么样的吊顶呢？

A：吊顶一般有平板吊顶、异形吊顶、局部吊顶、格栅式吊顶、藻井式吊顶等五大类型。
1. 平板吊顶一般是以铝扣板、PVC板、石膏板、矿棉吸声板、玻璃纤维板、玻璃等为材料，照明灯位于顶部平面之内或吸于顶上，一般安排在卫生间、厨房、阳台和玄关等部位。
2. 异形吊顶是局部吊顶的一种，主要适用于卧室、书房等，在楼层比较低的房间、客厅也可以采用异形吊顶。方法是用平板吊顶的形式，把顶部的管线遮挡在吊顶内，顶面可嵌入筒灯或内藏日光灯，使装修后的顶面形成两个层次，不会产生压抑感。异形吊顶采用的云形波浪线或不规则弧线，一般不超过整体顶面面积的1/3，超过或小于这个比例，就难以达到好的效果。
3. 局部吊顶是为了避免居室的顶部有水、暖、气管道，而且房间的高度又不允许进行全部吊顶的情况下，采用的一种吊顶方式。这种方式的最好模式是，这些水、电、气管道靠近边墙附近，装修出来的效果与异形吊顶相似。
4. 格栅式吊顶的制作方法是用木材做成框架，镶嵌上透光或磨砂玻璃，光源在玻璃上面。这也是平板吊顶的一种，但是造型要比平板吊顶生动和活泼，装饰的效果比较好。一般适用于居室的餐厅、门厅的装饰。它的优点是光线比较柔和、轻松和自然。
5. 藻井式吊顶的使用前提是，房间必须有一定的高度（高于2.85m），且面积较大。它的式样是在房间的四周进行局部吊顶，可设计成一层或两层，装修后的效果有增加空间高度的感觉，还可以改变室内的灯光照明效果。

Q216：选择吊顶有哪些重要的注意事项？

A：选择吊顶需要特别留意以下三点：
1. 木质吊顶要刷防火涂料。现在室内装修吊顶工程中，大多采用的是悬挂式吊顶，首先要注意材料的选择,再者就要严格按照施工规范操作。安装时,必须位置正确,连接牢固。用于吊顶、墙面、地面的装饰材料应是不燃或难燃的材料,木质材料属易燃型,因此要作防火处理。吊顶里面的木质材料应满涂两遍防火涂料,不可漏刷,以避免因电气管线接触不良或漏电产生的电火花引燃木质材料而引发火灾。而直接接触墙面或卫生间吊顶的龙骨还要涂刷防腐剂。

2. 暗架吊顶要设检修孔。在家庭装饰中,对吊顶一般不设置检修孔。这主要是业主认为检修孔的设置会影响家庭装饰的效果,影响美观。殊不知这样会给今后使用带来极大的不便。一旦吊顶内管线设备发生故障,就无法检查确定是什么部位、什么原因,更无法修复。这样往往要把非常漂亮的平顶敲掉,造成不必要的经济损失。因此,在家庭装饰中,对敷设管线的吊平顶以设置检修孔为好。当然,检修孔的设置部位可选择在比较隐蔽的易检查的部位。为了不破坏装饰的美观效果,可对检修孔进行艺术处理,譬如与某一个灯具或装饰物相结合设置。

3. 厨房、卫生间吊顶宜采用金属、塑料等材质。卫生间是沐浴洗漱的地方;厨房要烧饭炒菜,尽管安装了抽油烟机和排风扇,仍然无法把蒸气全部排掉,易吸潮的饰面板或涂料就会出现变形和脱皮。因此要选用不吸潮的材料,一般宜采用金属或PVC塑料扣板,如用其他材料吊顶应采取防潮措施,如刷油漆等。

Q217:吊顶安装有哪些技术要点?

我家即将安装吊顶了,为了使风格统一,我打算把所有房间都装上吊顶,这样看起来装饰效果好一些。装吊顶的面积大了,对我家来说就是一项特别重要的大工程了。而且厨房、卫生间和其他地方吊顶材质还不一样,请问这样复杂的工程需要注意哪些技术要点呢?

A:安装吊顶的技术要点有:

1. 吊顶内安装灯具、排风扇及其他设备时,应在安装主、次龙骨的同时,按设计要求增加局部支撑龙骨、吊杆。
2. 由于PVC扣板、铝扣板质轻,骨架可用轻钢龙骨或木龙骨支承,视面积及重要部位由设计确定。
3. 配有空调设备的吊顶,应先将空调设施安装基本就绪后,再按设计要求施工安装吊顶骨架和饰面板。
4. 暗藏灯具吊顶应将主龙骨、吊杆与灯具位置配合好,避免相碰。筒灯、射灯则要在装饰面板上直接开孔。
5. 暗藏灯具吊顶应按设计要求采用防燃阻燃材料作龙骨,电器周围应用不燃材料作衬底,避免设备过热,酿成火灾。
6. 格栅式木吊顶应预先在地面完成拼装,一次整体安装完毕。
7. 吊顶内填充的吸声、保温材料应与安装饰面板同时进行。
8. 吊杆位置应符合设计要求。吊杆间距不大于1.2m。吊杆距主龙骨端部距离不大于300mm,当大于300mm时应增加吊杆,当吊杆长度大于1.5m时应设置反支撑。

9. 主、次龙骨的间距应按饰面板的尺寸模数确定,主龙骨间距控制在300～400mm,次龙骨间距控制在400～600mm。

10. 纸面石膏板安装应使用规格为5mm×25mm或5mm×35mm十字沉头镀锌自攻螺钉。螺钉与板边距离不小于15mm,板四周钉距150～200mm,钉头嵌入石膏板内0.5～1.0mm,钉帽应刷防锈漆涂料,并用石膏腻子抹平,用与石膏板颜色相同的色浆修补。

11. 纸面石膏板的长边（包封边）应沿纵向次龙骨铺设,自攻螺钉固定,注意钉头不使纸面受损。如安装双层石膏板时,面层板与基层板接缝应错开,不得在同一龙骨上接缝。

12. 石膏板之间应留8～10mm安装缝,待石膏板全部固定后,用塑料或专用接缝带将缝隙封严,用同色腻子嵌平。

Q218：暗龙骨吊顶和明龙骨吊顶安装的允许偏差有何规定？

A：暗龙骨吊顶安装的允许偏差见下表：

项目	允许偏差（mm）			
	纸面石膏板	金属板	矿棉板	木板、塑料板、格栅
表面平整度	3	2	2	2
接缝直线度	3	1.5	3	3
接缝高低差	1	1	1.5	1

明龙骨吊顶安装的允许偏差见下表：

项目	允许偏差（mm）			
	纸面石膏板	金属板	矿棉板	玻璃板、塑料板
表面平整度	3	2	3	2
接缝直线度	3	2	3	3
接缝高低差	1	1	2	1

Q219：原有的石膏条如何翻新？

我家马上装修了,原有的装修是在10年前做的,房间天花板的四周贴了一圈石膏条,现在装修想翻新,原来的石膏条表面有点发黑了,重新做又太麻烦,想在原有的石膏条上面重新刷一层涂料。这样做可以吗？

A：如果石膏条仅仅只是外观上出现小的瑕疵,并没有其他的问题,可以直接在原来的基础上刷一层新涂料，以达到翻新的目的，具体做法和墙面乳胶漆的翻新类似，只需要用砂纸将原来的石膏条仔细打磨一遍，然后重新刷上涂料。如果原有的石膏条上有花纹或是凹凸不平，无法打磨，就要用硬毛刷把石膏条上的灰尘扫除干净，然后选择优质的乳胶漆来做翻新，因为优质乳胶漆的遮盖力是比较好的，可以把石膏条上原来的瑕疵给遮盖掉。

Q220：造成吊顶不平、倾斜或局部有波浪的原因是什么？如何避免？

我一个同事家卫生间的吊顶没做多久就出现了倾斜不平的问题，本来刚开始看起来还挺不错的，别的地方也没有出现倾斜的问题，这究竟是什么原因造成的呢？我原本也想照着他家的样子做吊顶，但是现在又担心出现同样的问题，在施工当中应该如何避免出现类似问题？

A：产生这种情况的主要原因有：
1. 吊顶标高未找准水平或弹线不清，局部标高找错。
2. 吊顶间距过大，龙骨受力变形过大。
3. 木龙骨吊顶的木材含水率大，收缩变形。
4. 采用木螺丝固定时，螺钉与石膏板边距离大小不一致。

为了避免出现吊顶不平、倾斜或局部有波浪的问题出现，在吊顶施工中要注意以下几点：
1. 吊顶施工应在四周墙上弹线找平，装钉时四周以水平为准。
2. 一般吊杆的水平间距为900～1200mm，不可过大。安装龙骨时，应特别注意龙骨悬壁距离不应大于300mm，大于300mm应增加吊杆，当吊杆长度大于1.5m时应设置反支撑。
3. 使用的木材符合要求，固定牢固。
4. 螺钉与板边或板端的距离不得小于10mm，也不得大于16mm。板中间螺钉的距离不得大于200mm。

Q221：吊顶塌落是什么原因造成的？如何避免？

吊顶最严重的质量问题莫过于塌落了，有一次无意间在报纸上看到吊顶塌落的一则新闻，让我一直心有余悸，要是塌落的时候砸到下面的人，后果真是不堪设想。按说吊顶施工都是专业工人操作的，怎么会出现这么严重的问题呢？在施工中有哪些错误的做法可能导致吊顶塌落的事故发生？如何避免出现此类事故？

A：引起吊顶塌落的原因主要有以下几种情况：
1. "朝天钉"。吊杆与楼板固定的方法有多种，其中用木榫打入楼板（混凝土楼板）用铁钉或螺丝朝天钉入木榫；有的用汽钉朝天固定木质材料，以此固定吊杆；或者用射钉朝天打入混凝土楼板，以此固定吊杆的上吊点；或者用朝天钉的铁钉固定主次龙骨或木吊杆。这都属"朝天钉"的范畴。
2. "撑平顶"。平顶不用吊杆吊，而是将吊平顶的龙骨直接用钉子固定在四周墙上或梁的侧面，以此固定吊平顶。
3. 吊杆超荷载。吊平顶的吊杆稀少或太细，平顶重量超过吊杆所能承受的力。
4. 木吊杆劈裂或汽钉太短、太少。

存在以上四种情况，当居室刚装饰完时，吊平顶不至于马上会塌落，但过了一段时间后，由于朝天钉靠钉子钉入楼板的摩擦力承受平顶重量；撑平顶仅靠四周固定，龙骨中间无吊杆，龙骨下坠；吊杆稀少；木吊杆劈裂或钉子钉入长度不足、太细等，时间长了或平顶受到振动时，就会造成平顶塌落事故。

要想有效避免出现吊顶塌落的问题，在施工当中就应该注意以下三点：
1. 当必须采用朝天方式连接固定时，应采用膨胀螺栓或专用胀管。
2. 连接主次龙骨应用螺丝连接，平顶龙骨应用吊杆连接，超过3kg重的吊灯或吊扇都不能悬挂在吊顶龙骨上，而应该另设吊钩。
3. 对于吊平顶吊杆、龙骨的安装应在安装吊顶面板前进行全面检查，一般用手试、尺量和观察检查的方法。吊顶的塌落造成人员伤亡的事故时有所闻，主要是由于不正确的施工方法造成的，为了您的安全，一定要引起高度的重视。

Q222：怎样在预制楼板上吊平顶？

我家的房顶是预制楼板，现在做吊顶的时候安装工人说吊杆很难安装，打孔也很难找到适合的位置，请问我这样的情况该怎样吊平顶呢？需要注意些什么问题？

A：在预制楼板上吊平顶安装吊杆时，吊杆很难安装，如果打在预制多孔板的孔中，吊杆就无法固定，即使暂时能固定，但仅靠10mm左右厚的细石混凝土很难承受住平顶的重量，易塌平顶；如果打在预制多孔板的筋上，这部位是设置预应力钢丝的部位，钻孔时易将预应力钢丝钻断，破坏楼板的受力，使楼板断裂塌落，造成更大的危险。因此，在预制板上是不应钻孔的。吊杆应安装在两块预制板之间的缝中，施工时，应先找出预制板缝的位置，再确定吊杆的排列位置，在需安装吊杆的板缝部位钻孔埋入膨胀螺栓，通过连接件将吊杆用螺帽固定在膨胀螺栓上，不得将吊杆与膨胀螺栓直接焊接，以免两种不同的钢材焊接受拉后脱焊或断裂造成平顶塌落。

Q223：轻钢龙骨吊顶怎样进行成品保护？

A：
1. 安装骨架以及罩面板时，应注意保护顶棚内已经安装就位的各种管道、线路。
2. 骨架的吊杆、龙骨不得固定在通风管道以及其他设备上。
3. 吊顶材料（龙骨、罩面板、其他配件等）在运输、进场、存放、使用过程中，要加强管理，保证不变形、不受潮、不生锈。
4. 顶棚安装时，要注意保护已经安装好的门窗、已经施工完毕的地面、墙面、窗台等，防止污染损坏。
5. 非上人轻钢骨架不得上人踩踏，其他非吊顶的挂件等不得固定在骨架上。
6. 罩面板安装必须在顶棚内管道试水、试压、保温等工序全部验收合格后方可进行。

Q224：吊顶验收具体需要达到哪些标准？

A：吊顶验收标准：吊顶工程所用材料的品种、规格、颜色以及基层构造、固定方法应符合设计有关规范要求；罩面板与龙骨应连接紧密，表面应平整，不得有污染、折裂、缺棱掉角、锤伤等缺陷，接缝应均匀一致，粘贴的罩面板不得有脱层现象，胶合板不得有刨透之处；搁置的罩面板不得有漏、透、翘角现象。

十九、门窗、隔墙与抹灰工程

Q225：门窗工程有哪些基本规定？

A：关于家庭装修中的门窗工程，有以下基本规定：
1. 门窗安装必须采用预留洞口的施工方法，严禁采用边安装边砌口或先安装后砌口的施工方式。
2. 门窗的类型、规格、开启方向及安装位置必须符合设计要求。
3. 在砌体上安装门窗严禁用射钉固定。
4. 木门窗框的固定点数量、位置、固定方法必须符合设计要求，安装必须牢固。木门窗扇必须安装牢固，并应开关灵活，关闭严密。
5. 金属门窗框或副框安装必须牢固。预埋件的数量、位置与框的连接方法必须符合设计要求。金属门窗扇必须安装牢固，并应开关灵活，关闭严密。推拉门窗扇必须有防脱落措施，扇与框的搭接量应符合设计要求。
6. 塑料门窗框或副框与墙体连接必须牢固。固定片或膨胀螺栓的数量与位置应正确。
7. 平开塑料门窗扇必须安装牢固，并应开推拉灵活，关闭严密。推拉门窗扇必须有防脱落措施，扇与框的搭接量应符合设计要求，并应推拉灵活，关闭严密。
8. 拼樘料必须与窗框连接紧密，不得松动，螺钉间距应不大于600mm，内衬增强型钢的规格壁厚必须符合设计要求，型钢两端必须与洞口固定牢靠，拼樘料与窗框必须用密封胶密封。

Q226：门窗安装有哪些步骤和注意事项？

A：门窗安装施工步骤：门窗洞口处理→按设计要求测量放线→安装预埋件或锚固件→门窗框就位并临时固定→检查校正→门窗框固定→门窗扇安装→门窗口四周密封嵌缝→清理→安装五金配件→清理、门窗表面→安装纱扇。

门窗安装的注意事项：
1. 安装预埋件或锚固件前应对其进行防腐处理。
2. 木门窗应在安装五金配件前进行油饰，六面封闭。
3. 推拉门上、下滑轨的安装应与安装预埋件或锚固件时同时进行。

Q227：安装门窗的正常误差是多少？

门窗安装时如果偏差大了，自然会影响使用。况且门窗在平时使用频率很高，如果安装时本来就不合格，装修后不久就会出问题了。我想知道门窗的偏差在多大范围内是允许的呢？

A：铝合金门窗安装的允许偏差见表：

项目		允许偏差（mm）
门窗槽口宽度、高度	≤1500mm	1.5
	>1500mm	2
门窗槽口对角线长度差	≤2000mm	3
	>2000mm	4
门窗框的正、侧面垂直度		2.5
门窗横框的水平度		2
门窗横框的标高		5
门窗竖向偏离中心		5
双层门窗内外框间距		4
推拉门窗扇与框搭接量		1.5

塑料门窗安装的允许偏差见表：

项目		允许偏差（mm）
门窗槽口宽度、高度	≤1500mm	2
	>1500mm	3
门窗槽口对角线长度差	≤2000mm	3
	>2000mm	5
门窗框的正、侧面垂直度		3
门窗横框的水平度		3
门窗横框的标高		5
门窗竖向偏离中心		5
双层门窗内外框间距		4
推拉门窗扇与框搭接量		+1.5、−2.5
同樘平开门窗相邻扇高度差		2
推拉门窗扇与竖框平行度		2

Q228：铝合金门窗如何进行成品保护？

A：铝合金门窗的成品保护要注意以下几点：

1. 门窗的存放应入库保存，下边要垫高、垫平、码放整齐；安装有附件的门窗要注意防止损坏附件。
2. 安装时检查保护膜，安装后可用木板条将门窗框绑好，要禁止从窗口运送材料，防止碰撞。
3. 在室内抹灰前要保护好门窗的保护膜，防止砂浆对其面层的腐蚀。
4. 交工前撕保护膜要动作轻，不可用刀铲，防止划伤表面，影响美观。
5. 堵塞门窗缝前，对与砂浆的接触面应涂刷防腐剂进行处理。
6. 采用砂浆堵缝后，应及时擦净水泥浮浆，防止水泥硬化后不好清理，并容易损坏表面的氧化膜。
7. 搭拆脚手架、内外抹灰、设备管道安装以及运送材料时，应注意不要碰、砸、擦伤门窗。

Q229：木门制作和安装有哪些技术要点？

A：木门制作和安装的技术要点有：
1. 检查洞口是否方正垂直，预埋木砖或连接铁件是否符合设计要求。
2. 根据洞口实际尺寸，先用方木制成格栅骨架。当门窗套宽度大于500mm需要拼缝时，中间适当增加立杆。
3. 横撑间距应根据门窗套厚度决定；当面板厚度为10mm时，横撑间距不大于400mm；板厚5mm时，横撑间距不大于300mm。横撑位置必须与预埋件位置重合。
4. 骨架必须平整牢固，表面刨平并刷防腐败剂。安装格栅骨架必须方正，除预留出板面厚度外，骨架与木砖间的空隙应垫木垫，连接牢固。
5. 安装洞口骨架时，一般先安装木门洞口上端的骨架，后安装洞口两端的骨架，洞口上部骨架应与紧固件连接牢固。
6. 面板颜色、花纹应协调，板面略大于龙骨架，大面净光，小面刮直，水纹根部向下，长度方向需要对接时，花纹应通顺，其接头位置应避开视线平视范围，一般门窗套的拼缝应在室内地坪2000mm以上或1200mm以下，接头必须留在横撑上。
7. 贴脸、线条的树种、颜色、花纹应与饰面板协调，贴脸接头应呈45°角；贴脸里侧与门窗套板面要平整，贴脸或线条应盖住抹灰墙面，应不小于10mm。

门套与地面未衔接，一旦天气潮湿，门套容易变形

Q230：木窗帘盒制作和安装有哪些技术要点？

A：木窗帘盒制作和安装的技术要点有：
1. 窗帘盒宽度应符合设计要求。如设计无要求，窗帘盒一般较窗口两侧伸出200～300mm。窗帘盒的中线应对准窗帘洞中线，并使两端伸出洞口的长度相同。窗帘盒下沿与窗口上沿平或略低。
2. 窗帘盒制作一般采用木龙骨双包夹板，由底板和遮挡组成。遮挡板外立面不得有明榫、不得露钉帽，底边应作封边处理。
3. 窗帘盒底板可采用预埋木楔或膨胀螺栓固定，遮挡板可采用射钉与底板连接，遮挡板与顶棚交接处可用角线收口。窗帘盒靠墙部分应与墙面紧贴，无缝隙。
4. 窗帘轨道安装应平直。窗帘轨固定点必须在底板的龙骨上，连接必须用木螺丝，严禁用铁钉固定。采用电动窗帘轨时，应按产品说明书进行安装调试。

Q231：门窗框安装不牢固是什么原因造成的？如何避免？

安装合格的门窗框应该是和门窗洞口"严丝合缝"的，但我家的门窗框安装显然没有达到这个标准。刚装上我就试了试，明显地感觉松动。我也不知道这是什么原因造成的。万一不整改的话，时间久了，我真害怕这窗框会整个脱离。有没有什么办法可以补救一下？

A：造成这种现象的原因有以下几种：
1. 型材选择不当，断面小，强度不够。铝合金门窗材料不符合要求；塑钢门窗材料质量不合格。
2. 塑钢门窗的内衬钢配置不符合标准，钢材壁薄、强度差；内衬钢分段插入，不能形成整体加强作用；内衬钢与塑料型材连接不牢等。
3. 安装节点未按规范操作。
4. 没有根据不同的墙体采用不同的固定方法。

要想确保门窗框牢固稳定需要做到以下几点：

首先，门窗框型材规格、数量应符合国家标准。铝合金型材的外框壁厚不得小于1.2mm，塑钢窗料厚度不得小于2.5mm。检查塑钢型材外观，合格的型材应为青白色或象牙白色，洁净、光滑。质量较好的应有保护膜。

其次，根据门窗洞口尺寸、安装高度选择型材截面，平开窗不小于55系列，推拉窗不小于70系列。

再次，严格按规范规定安装，确保牢固稳定。门窗框安装时，应采用连接件同墙体作可靠的连接。连接件距框边角的距离不应大于180mm，连接件之间的间距不大于500mm。连接件应采用厚度不小于1.5mm的薄钢板，并有防腐处理。连接方法一般采用膨胀螺栓或开叉铁脚埋入墙体内，不得用射钉将门窗框直接钉入墙体固定。

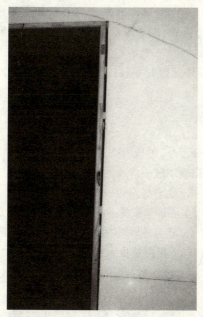

门套与墙体的固定点太少,这样高的门套,只依靠三个小木块固定,其坚固程度可想而知

门套与墙体间缝隙太大,这样安装的门肯定不牢固

这个塑钢窗安装不稳,可以预料,不到半年时间,这里就会出现墙体大面积裂痕,只要推拉窗一开一关,封堵的腻子就会往下掉

Q232:门窗渗漏是什么原因造成的?如何避免?

由于装修的时候是秋天,北京基本上都是晴天,没有下雨,所以当时我并没有注意到门窗渗漏的问题。直到大半年过后，我才发现，只要一下雨我家的窗户滑槽内就会积不少水，有时候雨太大了还会从滑槽溢出，顺着墙往下流。这是什么原因呢？怎样才能避免出现类似的问题？

　　A：门窗渗漏主要包括门窗框与四周的墙体连接处渗漏、推拉窗下滑槽内积水并渗入窗内这两种情况，原因有以下几点：

　　1．门窗框与墙体用水泥砂浆嵌缝。
　　2．门窗框与墙体间注胶不严，有缝隙。
　　3．门窗工艺不合格，窗框与窗扇之间结合不严。
　　4．窗扇玻璃密封条安装不合格，水从窗扇玻璃缝中渗入。
　　5．窗外框无排水孔或排水孔道被杂物堵塞，使滑槽内的积水不能顺畅排出。

　　为了避免门窗渗漏，门窗框与墙体不得用水泥砂浆嵌缝。应采用弹性连接，用密封胶嵌填密封，不能有缝隙。安装前一定要检查门窗是否合格，窗框与窗扇之间结合是否严，窗扇密封条安装是否合格。此外，外框下框和轨道根应钻排水孔。门窗安装过后，要清除槽内砂浆颗粒及杂物，并作灌水检查，槽内积水能顺畅排出的为合格。

Q233：门窗开关不灵活是由什么原因造成的？如何避免？

　　我家的窗户倒也没有别的什么大毛病，就是每次开关都要花很大的力气，以前我也没在意，最近发现越来越严重了，甚至根本没有办法关严。我仔细检查过，窗框里面也没有堵塞什么东西，为什么会出现这样的问题呢？是不是因为窗框变形的缘故？

　　A：如果出现启闭门窗时有阻滞现象，开关需要花很大力气，框扇搭接宽度小，周边缝隙不均等现象时，一般是由以下几个因素造成的：

　　1．门窗框或扇变形，密封条松动脱落。
　　2．五金配件损坏。
　　3．安装质量差，超出允许偏差甚多，又未予及时调整。

要想避免门窗不灵活或关闭不严的情况发生，在门窗工程施工过程中，就要做到以下几点：

　　1．门窗安装要符合安装工序，随时检查和调整每道工序的安装质量。

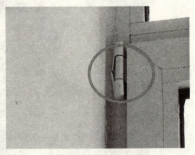

已经损坏的合页应该及时换掉

　　2．窗框及窗洞均要画出中线，窗框装入洞口时要中线对齐，框角作临时固定，仔细调整窗框的垂直度、水平度及直角度，误差应在允许偏差范围内。
　　3．门窗扇入框前应检查对角线及平整度偏差，入框后要用钢板尺、塞尺检查框扇的搭接宽度、周边缝隙，直至符合要求。
　　4．正确安装五金零件，发现损坏应及时更换。

合页开槽深度超过合页厚度的 3 倍以上,导致大门关不上也打不开

5. 做好成品保护及平时的使用保养,防止外力冲击,不得悬挂重物,致使门窗变形。使用时要轻开轻关,延长其使用寿命。

Q234:塑钢门窗验收有哪些注意要点?

A:塑钢门窗验收需要注意以下四点:
1. 窗框的垂直度:最好用水平尺测量;也可以把窗扇推拉到接近窗框(垂直边)的位置,稍微留有空隙,这个时候你看看上、中、下的缝隙是否一样大小。如果上中下缝隙一样大,就说明窗框装垂直了;反之,窗框没有垂直。
2. 窗框的水平度:最简便的方法是往窗框下滑道里灌水(因为自然条件下,水是永远往低处流的)。如果水面保持在一个水平线,就说明窗框水平了;反之,就说明窗框没有装水平。
3. 型材的真假鉴别:一看型材表面上的保护膜;二看型材凹槽壁上是否有防伪标志,拨打保护膜上的型材厂家电话,根据提示语音,即可得知真假。
4. 钢衬的检查:用磁石放在你想检查的窗体上,能吸附在窗体上,说明厂家在型材腔里加了钢衬,反之没有加钢衬。至于钢衬的厚薄,除了在加工厂里能知道外,也可以在安装工固定窗框时,你仔细听电锤击打窗框里钢衬的声音,感觉穿透是否费力。

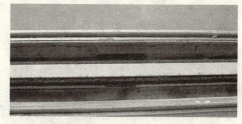

对塑钢窗的溢水口进行检查,看其是否通畅

Q235：门窗玻璃如何正确安装？

A：正确安装门窗玻璃需要注意以下几点：
1. 按规定安装玻璃垫块，使玻璃重量得到支撑，避免窗扇变形。安装在竖框中的玻璃应在下方设两块承重垫块，搁置点离玻璃垂直边缘的距离为玻璃宽度的1/4且不小于150mm。其他方向应设定垫块，以固定玻璃，确保四周缝隙均匀。
2. 玻璃垫块应选用那氏硬度80度的硬橡胶，其宽度应大于所支撑的玻璃厚度，长度不小于25mm，厚度一般为2～6mm。
3. 玻璃就位前应检查垫块位置，防止因碰撞、振动造成垫块脱落，位置不准，堵塞排水孔道。
4. 严格控制玻璃裁割尺寸，玻璃尺寸与框扇内尺寸之差应等于两个垫块的厚度。

Q236：轻质隔墙施工需要哪些程序？

我很喜欢玻璃隔墙的装饰效果，感觉既通透又朦胧，很漂亮，所以我打算在客厅做一个隔断，隔一个单独的餐厅出来，这样会让房间看起来更有层次，而不是一览无余。当然这只是一个初步的想法，具体是否实施主要还是看施工难度，如果太复杂就算了，毕竟这也不是必须有的。我想问问，像这样的轻质隔墙施工程序是怎样的？

A：轻质隔墙一般包括板材隔墙、骨架隔墙、玻璃砖和玻璃隔墙等种类，材质不同，施工程序也不一样。

板材隔墙施工程序：清理隔墙与基体接触面并找平→按设计要求测量放线→分档→配板、修补→配制胶粘剂→安装隔墙板→检查校正隔墙板→预埋水暖、电气设备→安装固定用预埋件→安装门窗框→接缝及护角处理→板面装修。

骨架隔墙施工程序：清理隔墙与基体接触面并找平→按设计要求测量放线→安装固定用预埋件→安装沿地、顶、墙龙骨→安装立龙骨→安装横撑龙骨或贯通龙骨→龙骨检查校正补强→预埋水暖、电气设备→安装一面饰面板→填充隔声、隔热材料→安装另一面饰面板→接缝、护角处理→饰面装修理工。

中空玻璃砖隔墙施工程序：清理玻璃砖墙与基体接触面→墙位放线→按设计要求放样并用双线钢丝按玻璃砖规格进行拉网分隔→用白水泥或硅酮密封膏进行粘接→砖面清理净化。

平板玻璃墙施工程序：按设计要求将型钢骨架固定在主体结构上→将平板玻璃镶嵌在铝合金框内→框架与型钢骨架连接牢固→用成型铝合金薄板装饰型钢骨架→墙面清理净化。

Q237：轻质隔墙工程施工有哪些规定？

我家的主卧面积特别大，我想做一整面隔墙，隔出一间书房来，具体材料是用板材、平板玻璃还是其他的什么材质暂时没有确定，请问关于这种轻质隔墙的施工工艺有哪些相关规定？

A：轻质隔墙工程的施工过程应遵循以下规定：

1. 墙位放线必须按设计要求沿地、顶、墙弹出隔墙的中心线和宽度线，宽度线应与龙骨的边线吻合。室内应弹出+500mm标高线。
2. 沿地、顶、墙龙骨固定点间距，龙骨不大于400mm，轻钢龙骨不大于1000mm，龙骨端部应设固定点。
3. 安装面板用的自攻螺钉、接触墙体的和预埋的构件必须作防腐处理。
4. 按设计要求，结合饰面板的长、宽分档，以确定立龙骨、横撑及附加龙骨的位置。门窗或特殊节点处，应使用附加龙骨。
5. 按设计要求预埋的水暖、电气设备应采取局部加强措施，固定牢固。墙中铺设管线时，应避免切断横、竖向龙骨，同时避免在沿墙下端设置管线。
6. 铺放墙体内的填充材料应干燥，填充均匀无下坠，接头无空隙。
7. 饰面板宜竖向铺设，曲面墙宜横向铺设。
8. 龙骨两侧的饰面板及龙骨一侧的内外两层饰面板应错缝排列，接缝不得落在同一根龙骨上。所有饰面接缝处的固定点必须连接在龙骨上。
9. 安装饰面板时，应从板的中部向板的四边固定，钉头略埋入板内，钉眼应用腻子抹平。石膏板用自攻螺丝固定，周边钉间距不大于200mm，中间部分钉间距不大于300mm，螺钉与板边距应为10～16mm。胶合板等如用钉子固定，钉距应不大于80mm。
10. 板材隔墙安装预埋件时宜用电钻钻孔、扩孔，不得对隔墙敲击和剔凿。
11. 玻璃砖墙体应以1.5m高度为单位分段施工，待固定后再进行上部分施工。
12. 平板玻璃墙超过5m高时，除在底部设置必要的支撑外，还需在玻璃顶部增设吊钩进行悬吊，以减少底部支撑压力。

Q238：轻质隔墙工程应达到怎样的验收标准？

我家用中空的玻璃砖做了一个隔墙，目前看起来效果还不错，家人都喜欢。但这毕竟不是实体墙，能不能保证坚固、安全，我心里还真有点疑问。现在我想问的是，像这样的隔墙应该达到什么标准才算是合格、可以放心使用的？

A：轻质隔墙工程应达到以下验收标准：

1. 板材隔墙安装所需的预埋件、连接件的位置、数量及连接方法必须符合设计要求。隔墙上的孔洞、槽、盒位置正确，套割方正，边缘整齐。
2. 骨架隔墙中龙骨间距及构造连接方法、木龙骨及木饰面板的防火或防腐处理、设备管线安装、门窗洞口部位加强龙骨的安装、填充材料必须符合设计要求。沿顶、沿地及边框龙骨与基体结构连接必须牢固、平整垂直，位置正确。
3. 民用建筑轻质隔墙工程的隔声性能应符合《民用建筑隔声设计规范》(GBJ118—

88）的规定。
4. 饰面板安装前，应按其品种、规格、颜色等进行分类选配。轻质隔墙与顶棚和其他墙体的交接处应有防裂缝处理。
5. 隔墙安装后应采取成品保护措施，防止损坏。

Q239：抹灰工程的施工程序是怎样的？

A：
1. 普通抹灰施工程序：基层处理→按设计要求配制砂浆→抹底层→抹中层→检查、修整表面平整度、垂直度及阴阳角方正→抹面层→场地清洁。
2. 高级抹灰施工程序：基层处理→按设计要求配制砂浆→做灰饼→做护角→做冲筋抹底层→抹中层→检查、修整表面平整度、垂直度及阴阳角方正→抹面层→场地清洁。

Q240：抹灰层出现空鼓怎么办？

A：抹灰层出现空鼓的现象比较常见，解决办法如下：
1. 将局部空鼓处铲除，露出原基底，并清理干净。
2. 用水泥砂浆作基底拉毛处理。
3. 铲除处重新抹水泥砂浆修补，并与原墙面找平。
4. 等抹灰处干透后，表面刮涂墙衬或贴玻璃布，然后再上防水腻子。

Q241：抹灰工程要达到哪些检验标准？

A：抹灰工程的具体要求包括：
1. 根据设计要求，确定抹灰级别和总厚度。
2. 不得在混凝土（包括预制、现浇）顶棚基体表面抹灰，不平处采用聚合物水泥砂浆找平即可。
3. 基层表面必须清除干净，并洒水润湿。不同材料基体交接处表面的抹灰，应先铺钉金属网或喷塑尼龙网，其与各基体的搭接宽度在100mm以上。
4. 各种砂浆的配合比应符合设计要求。
5. 抹灰施工应分层进行，抹灰层的平均总厚度应符合实际要求。水泥砂浆不得抹在石灰浆上，罩面石膏灰不得抹在水泥砂浆层上。
6. 抹灰层与基层之间及各抹灰层之间必须结合牢固，无脱层、空鼓，面层无爆灰和裂缝（风裂除外）。
7. 根据操作面的高度和抹灰现场的具体情况，搭设好抹灰所需的脚手架（板）或高凳子。

二十、地面与墙面施工

Q242：安装地板的基本工艺流程是怎样的？

地板的质量很重要，但是地板安装的工艺也不可小视。我就见过因为施工问题造成最后地板翘边、起鼓，甚至脱落的。出现这些问题，肯定是没有按照规范的工艺流程进行施工。我想知道安装地板规范的流程是怎样的？

A：安装地板有两种基本方法，分别是粘贴法和实铺法。

1. 粘贴法施工流程：

基层清理→涂刷底胶→弹线、找平→钻孔、安装预埋件→安装毛地板、找平、刨平→钉木地板、找平、刨平→钉踢脚板→刨光、打磨→油漆→上蜡。

2. 实铺法施工流程：

基层清理→弹线→钻孔、安装预埋件→地面防潮、防水处理→安装木龙骨→垫保温层→弹线、钉装毛地板→找平、刨平→钉木地板、找平、刨平→装踢脚板→刨光、打磨→油漆→上蜡。

Q243：木地板铺装最常出现哪些质量问题？

虽然说现在铺木地板的家庭非常多，但是关于木地板的纠纷还是层出不穷。我综合了一下性价比，最终决定铺复合木地板，但是我想知道木地板常见的质量问题有哪些，是由什么原因造成的？这样我好有个心理准备，在铺的时候注意一下，尽量避免重复别人的遗憾。

A：木地板铺设常见的质量问题主要有以下几种：

1. 响声。产生响声的原因主要是地格栅与地板之间、地板与地板之间产生"松动"。产生松动的因素有：地格栅固定橛间距过大，地格栅本身尺寸过小，木橛材质疏松，地格栅安装不牢固等。
2. 起鼓，起翘变形。主要是由于地面处理不当，特别是底层，没有做防潮层，或地格栅含水率较高，或墙体四周未留"膨胀缝"等引起的。
3. 污损。这是人为质量问题，主要由重物坠落和施工顺序颠倒而使水泥砂浆污损地板造成。
4. 虫蛀。可能是因为铺设时地板已被虫蛀，铺设后又没及时发现；也可能是地格栅没有经过干燥处理，留有隐患。
5. 色差太大。主要是由于铺设时没有进行挑选、排列。
6. 地板高低错位。可能是由于地板本身厚度有差异或地格栅误差太大，超过0.3mm的公差范围。

Q244：竹、实木地板铺装技术要点有哪些？

A：竹、实木地板铺装时需要注意：
1. 基层平整度误差大于5mm时，必须用水泥砂浆找平。
2. 防潮层宜为涂刷防水涂料或铺设塑料薄膜。
3. 木龙骨与基层必须连接牢固，固定点间距不应大于600mm。在龙骨上直接铺装地板时，主次龙骨的间距应根据地板的长宽模数计算确定，保证地板在龙骨的中线上对缝。
4. 毛地板与龙骨一般呈30度或45度铺钉，板缝为2~3mm，相邻板的接缝应错开。
5. 地板铺装前应进行严格挑选，宜将纹理、色泽接近的集中使用于一个房间或工段。
6. 地板钉长度应为板厚的2.5倍。固定时应从凹榫边30度角倾斜钉入。硬木地板应先钻孔，孔径为地板钉直径的0.7~0.8倍。
7. 毛地板及地板铺装应与墙之间留有8~10mm的伸缩缝。
8. 地板磨光应先刨后磨，磨削应顺木纹方向，磨削总量应控制在0.3~0.8mm内。
9. 单层直铺地板要求基层必须平整、无油污。铺贴前可在基层涂一层薄而匀的底胶以提高黏结力。铺贴时基层和地板背面均应刷胶，稍晾，待不粘手后再进行铺贴。拼板时应用榔头垫木块敲打紧密，板缝不应大于0.3mm。溢出的胶液应及时清理干净。

Q245：强化复合地板铺装的技术要点有哪些？

A：强化复合地板铺装需要注意：
1. 安装时应按产品说明书决定是否使用胶粘剂。
2. 安装第一排时应凹槽面靠墙。墙、板的空当应放置木楔。
3. 长和宽超过8m时，应在合适位置设置伸缩缝，安装过渡扣板。

Q246：木地板验收应该达到什么标准？

我家铺的是木地板，工人铺的时候也没其他人监督，怎么才能知道我家铺装的木地板是不是合格呢？也就是说，一般木地板铺装应该达到怎样的验收标准？

A：木地板铺装应达到以下标准：
1. 木质地板的材质、构造以及拼花图案应符合设计，木材的含水率应符合当地标准。

2. 木质板面层必须铺钉牢固无松动，黏结牢固无空鼓，表面刨平磨光，无明显刨痕、戗茬和毛刺等缺陷。
3. 木板面层间隙基本严密，接头位置错开；拼花木板面层接缝对齐，粘、钉严密，无裂纹、翘曲，表面洁净无明显色差，无溢胶现象。
4. 木质踢脚线接缝严密，表面光滑，高度、出墙厚度一致。
5. 用 2m 靠尺检查，地面平整度误差小于 1.5mm，缝隙宽度小于 0.5mm，踢脚板上口平直度全长高差应不大于 3mm，与墙面紧贴无缝隙。

Q247：铺设地暖管道需要注意哪些事项？

A：正规的地暖铺设，每一管路的管道必须使用整管，不允许有接头，所以只要管件质量合格，管道本身是不会发生渗漏的。管道铺完后要用 4cm 左右的混凝土回填覆盖管道层。后期施工中进行地面操作时，敲击地面、打钉、楔木楔、切割石材等行为都可能伤及地暖管，造成漏水事故，这些都属于危险操作。而地暖是家庭中最大的隐蔽工程，一旦发生漏水简直是一场灾难，需要刨开地面重新换管，会对装修造成严重破坏。所以在铺设地暖后，消费者一定提醒施工人员注意地面施工，不可发生敲砸动作。地采暖施工不得与其他工种交叉作业。

Q248：铺设地热地板需要注意什么问题？

我家的装修选择了强化复合地板，因为家里是地热，所以铺地板的时候格外小心，生怕到时候地板变形，请问地热地板的铺设过程中需要特别注意哪些问题？

A：地热地板的铺装需要注意：
1. 要使用地热地板专用胶。
2. 不能打龙骨，因为打龙骨以后，会留下空隙，空气的导热系数低，传热效能不好；而且在采暖地板上打孔，极有可能会破坏采暖管。
3. 为防止木地板升温过快发生开裂扭曲，在第一次升温或长久未开启使用时，应缓慢升温，在升温的过程中，以每小时升温一度左右最为适宜。
4. 要使用地热专用纸地垫，不能使用普通泡沫地垫，泡沫地垫导热慢，易产生有害气体，危害健康。

Q249：木地板铺装后为什么会出现响声？怎样避免？

最近我发现家里的木地板老是有响声，走在上面吱吱呀呀的，我家一直还挺干燥的，平时也挺注重保养，一洒上水我马上就用干拖把把水吸干，怎么会这么快就变形呢？是不是当初施工的时候没有按照规定操作造成的？

A：如果在铺装木地板前地面未经过平整，那么部分地板和龙骨就可能会悬空，踩踏时就会发出响声。另外，如果施工中用打木楔加铁钉的固定方式，会造成因木楔与铁钉接触面过小而握钉力不足，极易造成木龙骨松动，踩踏地板时就会出现响声。还有，如果木龙骨和木地板的含水率很高，铺贴以后经过干燥，就会产生收缩，地板就会松动，一踩上去也会出现响声。

要想避免这一质量问题，在施工中关键要注意以下几点：
1. 严格控制木材质量，尤其是含水率，进场后防止被水浸泡。
2. 木龙骨按规定安装牢固。
3. 木地板钉粘牢固，钉粘后随时随地检查，不符合要求的及时修理。
4. 当在毛地板上铺钉长条木板或拼花木板时，宜先铺设一层沥青纸（或油毡），以隔声和防潮。

Q250：木地板为什么会出现拱起？

我家的木地板铺了有一年多了，除了少部分地方有磨损以外，最近又出现了一个比较严重的问题，有几块地板中间出现了拱起的情况，明显已经脱离了找平层，这是怎么回事呢？我平时挺注意保养地板的，为什么还会出现这种情况？

A：起拱是像地板、瓷砖、塑料板、石材等这种板块面层常见的问题之一，一般来说，引起板块面层拱起的原因主要有以下三种可能：

1. 板块面层与找平层粘接不牢固，经过一段时间的胀缩、振动等引起空鼓，进一步空鼓部分会出现拱起的现象。
2. 板块面层铺设时过于紧凑、密实，由于使用环境的不断变化，干湿、冷热胀缩基层与板块面层胀缩性能不同，板块面层本身无法自由伸缩，只能往上部无约束方向拱起。
3. 某些板块面层表面密实，透气性较低，使基层水分无法排除，由于水分蒸发引起膨胀而出现拱起。

Q251：地板如果出现损伤，如何修补？

我家地板铺了很长时间了，一直没有出现过什么问题，就是门口磨损得厉害，别的地方使用率不是太高，都还好。我目前还不想全面重铺，可门口的地板实在"有损形象"，有没有什么简单实用的好办法可以修补地板的损伤？

A：如果木地板漆色泽暗淡，可用一杯清水加四分之一杯醋，用软布蘸之擦拭；或用酒精或花露水、茶水浸湿软布轻拭，再擦一遍地板蜡。如果表面小块油漆剥落，可取同色广告颜料涂补，再用清漆涂在表面即可完好如初。

如果地板板面出现裂缝、孔洞，可把旧书报剪成碎屑，加入适量明矾，与清水煮成糊状，嵌入缝内，干后损伤变得很不明显；也可用白胶水拌木屑调均匀，嵌入裂缝，一昼夜后用砂纸磨光，也能达到很好的修补效果。

Q252：石材和地砖铺贴的技术要点有哪些？

A：铺贴石材和地砖需要注意的技术要点有：
1. 应根据墙面标高定出结合层砂浆厚度，拉十字线控制其厚度和平整度，刮平拍实，厚度宜高出实铺厚度2～3mm。
2. 水泥砂浆上刷一道水灰比为1：2的素水泥浆，或干铺水泥1～2mm洒水。
3. 石材、地面砖铺贴前应浸水湿润，安放时应四角同时落下，用橡皮锤轻击使其与砂浆黏结紧密，同时调整其平整度及缝宽。
4. 天然石材应先根据设计要求对色、拼花并试拼、编号，以便对号铺贴。
5. 铺贴后应及时清缝，24小时后用1：1水泥浆灌缝，选择相应颜料与白水泥拌匀嵌缝。

Q253：怎样检查墙地砖的空鼓问题？怎样算是合格标准？

都说墙地砖空鼓是一个很普遍的质量问题，我家装修的时候恰好天气不太好，我特别担心到时候墙地砖出现大量的空鼓。请问怎样检查墙地砖有无空鼓？墙地砖空鼓率有没有相关的规定？

A：检查墙地砖有无空鼓，用一个小金属锤随意地敲敲瓷砖就可以了，有空洞声音，说明没有铺设好，这样时间久了瓷砖可能会开裂和脱落，遇到这种情况应重新铺设。国家规定，墙、地砖空鼓率不超过5%为合格，如果空鼓率超过5%，说明存在质量问题（空鼓率是指100块瓷砖当中存在多少空鼓的，它的空鼓率就是多少）。

Q254：墙地砖出现空鼓的原因有哪些？如何避免？

最近我家卫生间的墙面砖有一整块莫名其妙地脱落，掉到地上摔成几块。我敲了敲这块砖附近的墙面，竟然有好几处都是空的。这是什么原因造成的呢？像我这样的情况，估计得整面墙都重铺，怎样避免这样的情况再次出现？

A：家庭装修中，墙地砖空鼓是一个常见的问题，造成这一质量问题的原因主要是：
1. 基层干燥，浇水润湿不够，使得水泥砂浆迅速失水，砖与砂浆黏结力降低；水泥砂浆或胶粘剂摊铺或涂刷时间过长，风干，不起黏结作用。
2. 砂浆加水过多，结合层不起作用。

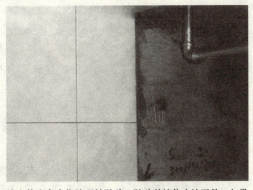

墙上的窟窿未作处理就贴砖。贴砖前墙体应该平整，如果墙体自身有裂缝或不平，应用水泥砂浆修补完整并填平

3. 基层处理不干净或墙砖施工前未浸水湿润或未清除砖背面浮土，干燥的砖将水泥砂浆中的水分很快吸走，造成砂浆脱水，影响了凝结硬化。
4. 地砖铺装完以后，水泥砂浆没有干透就被人践踏，是地砖空鼓出现的一个最主要的原因。

为了避免墙地砖出现空鼓，应该注意以下几点：
1. 保持基层干燥，浇水湿润地面时不得有积水。
2. 水泥与砂的比例适当，一般为1：2.4，不得加水过多。
3. 墙砖铺设前浸水湿润，除去表面浮土，浸泡不少于2小时，黏结厚度应控制在6～10mm之间，不得过厚或过薄。
4. 铺砖时，必须用橡皮锤把砖砸实，让砖与砂浆结合牢固。
5. 地砖铺装完以后，要等水泥砂浆干透后才可在上面走动。

如果墙面或者地面已经产生了空鼓，应取下墙地砖，铲去原来的黏结砂浆，用适量的水泥砂浆修补（水泥砂浆中应加入占总体积3%的108胶）。

Q255：墙壁裂纹是什么原因造成的？如何修补？

前段时间偶然发现我家的内墙上出现了几条裂纹，当时吓了我一跳，以为是房屋的结构出现了问题，整天提心吊胆的。后来听说好几个邻居家也出现了同样的问题，有人说这样的小裂缝不是什么大事，是正常的现象，真是这样吗？那墙面的裂缝究竟是什么原因造成的呢？现在裂缝虽然不是非常明显，但是就这样晾着不管也不行，有没有什么修补的办法？

A：墙壁出现裂纹或裂缝是一个非常正常的现象，这种现象的出现一般有以下几种原因：
1. 墙体属于内保温结构，保温板与保温板之间的接缝会产生板缝裂纹。
2. 在墙壁处开槽铺设电线电缆，线槽补灰以后出现的收缩裂纹。
3. 抹灰刮腻子不均匀出现的应力裂纹。

根据产生墙面裂缝的不同原因，您可以分别采用合适的办法进行修补：
1. 保温板裂缝的处理：用油灰刀把裂纹切开，尽量深一些，填入石膏。注意一定要填实、填均匀。然后用绷带、豆包布或白的确良布把出现裂纹的地方贴上，干燥后再刮腻子或作其他工艺的处理。如果裂纹比较严重，也可以用牛皮纸或报纸补缝，效果会更好一些。
2. 线槽补灰以后出现裂纹的原因是水泥砂浆的干燥速度、收缩率与腻子粉不同，在墙体表面的腻子已经干透以后，里面的水泥砂浆还没有干透，因此出现裂纹。所以补线槽用石膏粉的效果更好。
3. 如果墙面腻子一次刮得太厚，或者整个墙面的厚度过于悬殊，也会出现裂纹，严重的还会脱落。如果可能应该多刮几遍，每遍薄一些，间隔时间也应该长一些。但要注意腻子刮的遍数太多了，也容易脱落。需要指出的是，由于北方地区的气候特点以及建筑物本身的一些原因，装修施工墙面出现裂缝是一个较为普遍的现象。现在好像还没有办法能真正解决这个问题。因此，如果由于墙面裂缝业主与装饰公司产生纠纷，其实没有必要，因为在以后的保修维护过程中还会做很多这方面的工作。

Q256：墙面装修为什么会出现花斑？

我家房子装修才不到一年，墙面就出现了一块一块的花斑，整个墙面深一块浅一块的，非常难看。当初装修的时候我每天到工地监督，可没想到还是出现了纰漏。这种墙面花斑究竟是什么原因造成的呢？

A：墙面花斑出现的原因一般就是刷墙之前腻子没有干透，造成墙面潮湿，粉刷过后很容易在潮湿的部分出现一块一块的花斑，花斑处颜色比正常的墙面颜色略深。为了避免出现墙面花斑，做墙面粉刷装饰的时候，必须等到外层石灰完全干燥后方可进行，一定不能盲目赶工，否则会影响到日后的装修效果，而且这种失误一旦出现，要想修复是非常困难的。

Q257：墙面瓷砖为什么会出现色变？

我家的墙面瓷砖贴了刚一年，就出现了色变，整面墙看起来颜色发黄，而刚贴上去的时候是鲜亮的乳白色，这是什么原因造成的呢？

A：墙面瓷砖产生色变的主要原因除瓷砖质量差、釉面过薄外，施工操作方法不当也是其中的重要因素。施工中应严格选好材料，浸泡釉面砖应使用清洁干净的水。粘贴的水泥砂浆应使用纯净的沙子和水泥。操作时要随时清理砖面上残留的砂浆。色变较大的墙砖应该及时更新。

Q258：墙砖接缝不平直是什么原因造成的？

A：墙砖接缝不平直的主要原因是砖的规格有差异和施工不当。施工时应认真挑选面砖，将同一类尺寸的归在一起，用于一面墙上。贴砖的时候要找准标准点，标准点要以靠尺能靠上为准，每粘贴一行后应及时用靠尺横、竖靠直检查，及时校正。如果接缝过大，应及时取下墙面瓷砖，进行返工。

Q259：贴墙砖如何进行工期预算？

我有三四天没去工地监督了，昨天去了发现工人贴墙砖的工作还没有结束，我感觉这时间拖得太久了，怀疑是工人故意拖延，贴墙砖大概需要多少天完工？

A：墙面瓷砖粘贴是技术性极强的施工项目，比较耗费工时，在辅助材料备齐、基层处理较好的情况下,每个工人一天能完成 5m² 左右,一般家庭装修铺粘卫生间、厨房墙面需要 7 天左右时间。陶瓷墙砖的规格不同、使用的胶粘剂不同、基层墙面管线的多少不同,都会影响到施工工期。所以实际工期应根据现场情况确定。墙面砖的粘贴施工,可以和其他项目平行或交叉作业,但应注意成品保护。

Q260:怎么在瓷砖上钻孔才不会损坏瓷砖?

我家需要在铺好瓷砖的墙面上钻几个孔,用以固定墙面上的置物架。怎么钻孔才能不破坏瓷砖呢?如果直接用冲击钻,很可能会让刚铺不久的瓷砖裂成几块的。

A:如果直接用电锤或冲击钻在墙砖上打孔,由于它们的冲击力很大,很容易造成墙砖的破裂。由于墙砖比较光滑,电钻不容易定位,因此,如果需要在瓷砖上打孔,最好把孔的位置选择在瓷砖的接缝处。如果实在不行,可以在打孔前先用钢钉或手锤在打孔处轻轻把釉面凿出小坑,然后再用电锤或冲击钻在墙砖上打孔。在钻的时候手一定要稳,不要左右摆动。

Q261:瓷砖为什么和实木地板一样也有色差呢?

我检查了好几包瓷砖,发现存在色差问题,虽然都是浅黄,但是仔细看,颜色还是不一样。瓷砖都是按标准批量生产的,和实木地板的自然色差不同,那么它为什么也存在色差问题呢?

A:瓷砖的"色差"是指一片砖与另一片砖的色泽差异,或同一片砖的一部分与其他一部分的色泽差异。一般情况下,在一个约几平方米的面积里,在适当均匀的光照下,一批产品看不出明显的色泽差异,则视为无色差。产生色差的原因:一方面由于目前陶瓷原料标准化不够,产地多样化,开采技术不统一,原料的标准又各不同,使得各生产厂家要经常变换原料,势必重新调整工艺制造;另一方面,由于陶瓷原料在上窑炉烧制过程中产生的化学变化,"色差"在所难免。但是,从国外消费观点和国内流行趋势来看,色差现象逐渐被追求回归自然的消费者所接受,天然石材和实木地板的色差就为大众所接受。只要不是特别明显,消费者没有必要对瓷砖的色差问题过分在意。

Q262:板块面层楼地面的允许偏差有何规定?

现在我们家的装修已经快完成了,地板、墙面的装饰都已经完成。整体效果看起来还是很让人满意的。但是针对纠纷最多的地面装饰,我还是很不放心,生怕自己家的瓷砖、石材铺得不好。请问这样的块料地面铺装后允许的偏差是多少?

A:板块面层楼地面的允许偏差见下表:

项目	允许偏差（mm）				
	陶瓷地砖	缸砖	大理石、花岗石	塑料板	活动地板
表面平整度	2	4	1	2	2
缝格平直	3	3	2	3	2.5
接缝高低差	0.5	1.5	0.5	0.5	0.4
踢脚线上口平直	3.0	4		2	
板块间隙宽度	2.0	2	1		0.3

Q263：儿童房的墙面适合铺壁纸吗？

我家卧室的墙面都是用壁纸铺的，为了风格的统一，我想把儿童房的墙面也用壁纸装饰一下，我在壁纸专卖店看了看，适合儿童的花形也挺多。另外，我家孩子五岁半了，非常顽皮，经常用彩笔在墙上乱画，稍不注意墙上就成了大花脸，听说现在的壁纸很多都是可以直接用湿布擦的，这也是我想用壁纸的一大原因，请问什么样的壁纸适合铺在儿童房里呢？

A：墙面往往是孩子"涂鸦"的好地方，儿童房更是"重灾区"，很多家长都不胜其烦，不过您不用着急，随着建材生产技术的提高，适合儿童房的"涂鸦壁纸"已经受到很多家长的欢迎。好的儿童房专用涂鸦壁纸多为纸基壁纸，也称复合壁纸，是由表纸和底纸经施胶压合，合为一体后，再经印刷、压花、涂布等工艺生产出来的。它的结构一般为三层，其中最底层是纸基，纸基上是纸、纤维、聚乙烯薄膜组成的材料层，最后还有一层涂有无机质材料的装饰层，这一装饰层不仅具有优良的防火性能，还使得壁纸易于清洗打理，脏了，只需用湿布轻轻擦拭，即可清洁如故，很容易打理。相信这种壁纸既能满足孩子爱玩的天性，又能解决家长们的烦恼。

Q264：儿童房装修如何选择墙面漆？

现在只要一打开电视或者是报纸，就有不少对居室装修污染问题的控诉，其中不乏对墙面漆的声讨，这让家里有孩子的家长们很烦心。我家有一个六岁的宝宝，新房子专门给他安排了儿童房，作为家长，最关心的当然是儿童房的环保问题，请问儿童房的墙上刷什么漆才是最环保的呢？

A：如果您在家居建材市场仔细观察，一定会发现一种叫做"儿童专用漆"的墙面材料。目前一些知名的厂家均有儿童专用漆销售，相对于普通墙面漆，"儿童漆"更适合儿童房装修使用。儿童专用漆有四大特点：一是不含重金属；二是全部用清水调制；三是儿童专用乳胶漆有机挥发物含量趋向零；四是漆面光滑，颜色丰富。这种既环保又美观的墙面漆是专门根据儿童的身心要求而设计的，相信这种墙面漆一定能免除您的后顾之忧。

Q265：石材墙面铺装有哪些技术要点？

终于开始装修我家的小别墅了，我喜欢欧式风格的，显得大气华贵。有朋友推荐大理石的墙面，但是用石材做墙面装饰在施工方面难度大吗？具体需要注意哪些技术要点问题？

A：石材墙面的铺装需要注意以下技术要点：

1. 易碎或较薄的石材应在石材背面粘玻璃纤维网布，以加强板块强度。
2. 固定石材用的钢筋网应与预埋件连接牢固。
3. 石材板块上、下沿用于固定的眼位分别不得少于两个。石材加工应制备专用模具，以保证加工的精确度。
4. 灌注砂浆前应将石材背面及基层湿润，并将竖缝填15～20mm深的泡沫塑料条以防漏浆。灌注砂浆应分层进行，每层灌注高度为150～200mm，且不超过板高的1/3，插捣密实，并随时控制板面位置不得移动。施工缝应留在板面水平缝以下50～100mm，干挂石材的基层应坚实、平整。板材与基层间应留有80～90mm有空腔。
5. 膨胀螺栓钻孔位置应准确，深度55～60mm，螺栓埋设应垂直、牢固，连接件安装应垂直、方正，不得翘曲。石材安装应由下至上进行，先上好侧顶连接件，校正板予以固定。同一水平石材安装完毕后，应检查其水平及表面平整度。
6. 连接石材的钢销应涂胶后插入。密封胶嵌缝前，石材周边粘贴防污条，以免污损。

Q266：如何使石材墙面恢复光亮？

我家的大理石墙面使用了一段时间之后，就没有刚开始那么亮了，有没有什么办法可以增加它的亮度，让它看起来更加有光泽？

A：您所说的情况可以称为室内墙面"失光"，有两种常见的方法可以解决这一问题：

1. 可以使用三合一石材养护剂来处理。清洗、养护、抛光一次完成，操作简单，效果不错。并且能满足环保要求，即便这种养护剂不慎进入食品当中，也是对身体无害的。
2. 可以先用专业的石材清洗剂来清洗石材，然后对石材墙面进行抛光。具体的抛光方法有三种：一是用蜡基抛光液（浓缩产品）。这种抛光液成本较低，也是目前应用较多的一种方式；二是用"10号抛光液"，此产品硬度较高，光亮效果好，而且耐水防污；三是用硅酮基抛光液，这也是一种三合一产品，清洗、养护、抛光一次完成，省时省力。

Q267：墙面裱糊的施工程序是怎样的？

壁纸壁布和墙面漆比起来，不仅花色繁多、时尚新潮，还方便更换，在环保方面也毫不逊色。所以想来想去，我还是打算用壁纸或者壁布来装饰墙面，就是不知道具体施工是不是很繁琐。请问常见的壁纸壁布裱糊的施工流程是怎样的？

A：

1. 壁纸裱糊：基层处理→防潮处理→放线定位→壁纸浸水湿润→壁纸刷胶→墙面基层刷胶→裱糊→拼缝、搭接、对花→赶压→清理溢出胶液→裁边→清理修整。
2. 锦缎裱糊：基层处理→防潮处理→放线定位→锦缎上浆→托纸→裁剪→裱糊→拼缝、搭接、对花→赶压→清理溢出胶液→裁边→清理修整。
3. 玻璃纤维布裱糊：基层处理→放线定位→清洁墙布背面→墙面基层刷胶→裱糊→拼缝、搭接、对花→赶压→清理溢出胶液→裁边→清理修整。

Q268：墙面裱糊壁纸有哪些注意事项？

我家的几间卧室都是需要贴壁纸的，壁纸的使用面积很大，所以壁纸贴得如何，对我家的装修效果影响很大，我想问问在裱糊壁纸的时候有哪些问题需要特别注意？各种材质的壁纸在裱糊时有哪些不同之处？

A：壁纸裱糊应注意以下要点：

1. 基层处理应满批腻子，打磨平整后应坚实牢固，不得有粉化、起皮、裂缝和突出物，色泽应一致。
2. 裱糊前，应按壁纸、墙布的品种、花色、规格进行选配、拼花、裁切、编号后平放待用，裱糊时按编号顺序粘贴。
3. 墙面应采用整幅裱糊，先垂直面后水平面，先细部后大面，先保证垂直后对花拼缝，垂直面是先上后下，先长墙面后短墙面，水平面是先高后低。阴角处接缝应搭接，阳角处应包角不得有接缝。
4. 裱糊 PVC 壁纸，应先将壁纸用水润湿数分钟，裱糊时，应在基层表面涂刷胶粘剂。纺织纤维壁纸不宜在水中浸泡，只需湿布清洁背面即可裱糊。
5. 复合壁纸严禁浸水，应先将壁纸背面涂刷胶粘剂，放置数分钟，裱糊时，基层也应涂刷胶剂粘。
6. 带背胶的壁纸，应在水中浸泡数分钟后裱糊，裱糊顶棚时，带背胶的壁纸应涂刷一层稀释的胶粘剂。
7. 金属壁纸裱糊前需浸水 1~2 分钟，阴干 5~8 分钟，在其背面刷胶。刷胶应使用专用的壁纸粉胶，一边刷胶，一边将刷过胶的部分，向上卷在发泡壁纸卷上。
8. 玻璃纤维基材壁纸、无纺墙布无需进行浸润。胶粘剂需选用粘接强度较高的，只需在基层表面涂胶，墙布背面不涂胶。玻璃纤维墙布不伸缩，粘贴对花时，严禁横拉斜扯以免变形脱落。
9. 裱糊好的壁纸应将挤出的胶粘剂及时擦净。表面有气泡时可用注射器抽出气体、注入胶液后用辊压实。有多余胶液聚集产生鼓包时可用注射器抽出多余胶液后用辊压实。

10. 对开关、插座等突出墙面的电气盒，裱糊前应先卸下，待裱糊后在盒子处用壁纸刀对角划一小十字口，然后将壁纸或墙布翻入盒内，再装上盖板等设备。
11. 壁纸墙布与挂镜线、门窗套、踢脚板等交界处可多贴20mm，用薄钢片沿交界处划出褶痕，用裁刀沿褶切齐，撕去余纸，粘实端头。
12. 需要对花的壁纸，应以图形为准，重叠铺贴，然后用直钢尺压在重叠处一刀裁断，不可重割，撕去余纸，粘实端头。可直接对花的壁纸应直接对花铺贴。

Q269：陶瓷墙砖、毛石铺贴如何处理基层？

如果选择在墙面铺毛石或者瓷砖，基层的处理显得格外重要。前不久我哥哥家就因为墙砖出现了空鼓问题而大伤脑筋，卫生间整面墙的瓷砖都敲掉重铺了，费时费力又费钱，真是不划算。现在轮到我家装修了，肯定不想重蹈覆辙，请问墙面铺贴之前应该怎样处理基层才能保证墙砖或者毛石的铺贴效果？

A：陶瓷墙砖、毛石应铺贴在湿润、平整、干净的基层上。根据不同基层应进行如下处理：

1. 纸面石膏板基层：将板缝用腻子嵌实刮平，并粘贴玻璃丝网或纸带，使之成为整体。
2. 砖墙基层：将基层湿润，用1∶3水泥砂浆打底，木抹子搓平。
3. 混凝土基层：应进行凿毛、拉毛处理，或用界面处理剂处理。
4. 中气混凝土基层：先刷一道聚合物水泥砂浆，然后用1∶3∶9混合砂浆分层抹平，待干燥后，钉金属网一层并绷紧，用1∶1∶6混合砂浆分层抹平，砂浆应与金属网结合牢固。
5. 陶瓷墙砖、毛石铺贴前应将背面清理干净，并浸水2小时以上，取出阴干备用。
6. 放线定位应算好纵横皮数，非整板（砖）应排放在次要部位或阴角处，且不得超过一行，同时应避免出现小于1/3边长的边角。阴角板（砖）压向正确，阳角线45度角对接。如遇有墙面突出物，应套割吻合，不得用非整砖拼凑铺贴。
7. 铺贴前应确定标高、标厚和水平及垂直标志，垫好底尺，挂线铺贴，做到表面平整、接缝平直、宽度一致并符合技术要求。
8. 结合砂浆宜采用1∶2水泥砂浆，为改善砂浆和易性可掺入不大于水泥重量15%的石灰膏，也可用聚合物水泥砂浆或胶粘剂。
9. 结合砂浆应满铺在墙砖背面，中间略高，砂浆厚度宜为6～10mm。一面墙不宜一次铺贴到顶，以防塌落。

Q270：石材、墙地砖应达到怎样的验收标准？

A：石材、墙地砖施工应达到以下验收标准：
1. 石材、墙地砖品种、规格、颜色和图案应符合设计的要求，饰面板表面不得有划痕、缺棱掉角等质量缺陷。

2. 石材、墙地砖施工前应对其规格、颜色进行检查，墙地砖尽量减少非整砖，且使用部位适宜，有突出物体时应按规定进行套割。
3. 石材铺贴应平整牢固、接缝平直、无歪斜、无污迹和浆痕，表面洁净，颜色协调。
4. 墙地砖铺贴应平整牢固、图案清晰、无污迹和浆痕，表面色泽基本一致，接缝均匀，板块无裂纹、掉角和缺棱，局部空鼓不得超过数量的5%。
5. 用2m靠尺检查表面平整度，大理石板允许偏差为3mm，墙地砖等允许偏差为2mm。

Q271：怎样挑选填缝剂？

我家地面铺的是亚光砖，墙面铺的是亮面砖，需要买什么样的填缝剂？怎么选适宜的填缝剂呢？

A：现在市面上的填缝剂主要分有砂和无砂的，一般而言，铺贴亮光的墙砖和玻化砖适合用无砂的，铺贴亚光砖和仿古地砖适合选用有砂的。挑选填缝剂的时候要注意：填缝剂的颜色要和砖面颜色接近（特殊效果除外）。一般填缝的时间宜选在贴砖24小时后，即瓷砖干透、牢固之后。如果填缝时间太早，将会影响瓷砖的铺贴效果，造成高低不平或者松动脱落。

Q272：铺贴"无缝地砖"为什么要留缝？

地砖中间的缝隙如果时间长脏了，会特别难看，所以我才买了"无缝地砖"，但是施工的时候才听工人说"无缝地砖"也是要留缝的。我很奇怪，既然叫"无缝地砖"，为什么还要留缝呢？

A：所有的墙地砖在铺贴时都需要留缝，包括"无缝地砖"在内，这主要有两方面的原因：一方面是为了消除瓷砖产品尺寸偏差带来的影响，另一方面则是为了避免因热胀冷缩，造成产品间相互挤压而形成鼓起或剥离。国外的铺贴规范中，规定必须留2mm的灰缝，在我国，留缝标准因"砖"而异，通常抛光砖留3mm左右，一般瓷砖留2~5mm，仿古砖留5~8mm。

Q273：如何正确使用填缝剂？

A：填缝剂黏合性强、收缩小、颜色固着力强，具有抗压力、耐磨损、抗霉菌的特点，它能完美地修补地板表面的开裂或破损，还具有良好的防水性。填缝剂色彩丰富，还可以根据不同的需要自行配制颜色，因而越来越受装修业主的青睐。使用填缝剂的时候需要注意：
1. 如果是水泥铺砖，填缝剂要在7天后方可施工；如果是瓷砖胶铺砖，两天后即可使用填缝剂。施工温度不可低于0℃。

2. 首先必须将地砖或石材表面及连接缝清理干净，用湿布将其表面弄湿，但不要留积水，以地砖或石材表面的小孔吸入颜料和水泥，并且保证其着色和最终凝结度。
3. 为了控制颜色、防止粉化，在 1～2 小时内使用棉布或清洁的干毛巾擦拭地砖或石材表面即可。
4. 在最初的 72 小时内必须注意防止填缝剂干燥（特指室外暴露于阳光下的施工面），此时可用天然牛皮纸覆盖施工面（最好不要用塑料布或报纸替代），以防止其他施工作业把新做好的连接缝弄脏。

二十一、油漆、涂料和细木工程

Q274：什么是清油涂刷、混油涂刷？

听别人说清油和混油的涂刷效果有很大不同，究竟什么是清油，什么是混油，这二者之间有什么区别？

A：清油涂刷是家庭装修中对门窗、护墙裙、暖气罩、配套家具等进行修饰的基本方法之一。清油涂刷能够在改变木材颜色的基础上，保持木材原有的花纹，装饰风格自然、纯朴、典雅，虽然工期较长，但应用却十分普遍。

混油涂刷木器表面也是家庭装修中常使用的饰面装饰手段之一。混油是指用调和漆、磁漆等油漆涂料，对木器表面进行涂刷装饰，使木器表面失去原来的木色及木纹花纹，特别适合在树种较差、材料饰面有缺陷但不影响使用的情况下选用，可以达到较完美的装修效果。在现代风格的装修中，由于混油可改变木材的本色，色彩更为丰富，又可节省材料费用，因此受到越来越多人的偏爱，应用十分广泛，逐渐成为家庭装修中饰面涂刷的重要组成部分。混油木制品家装常用做法是以大芯板衬底，表面贴一层三合板，在三合板面上打磨、批原子灰和腻子，然后上油漆。

Q275：清油和混油规范的操作程序是怎样的？

A：清漆（清油）施工程序：清理木制品表面→砂纸磨光→润粉→擦拭干净→砂纸磨光→批第一遍腻子或刷漆片→砂纸磨光→批第二遍腻子→细砂纸磨光→擦或刷第一遍清漆→拼色、修色→复补腻子→细砂纸磨光→刷第二遍清漆→细砂纸磨光→刷第三遍清漆→水砂纸磨光→直至满足设计要求→清理表面→打上光蜡、擦光。

调和漆（混油）施工程序：基层清理→修补基层缺陷→砂纸磨光→节疤刷漆片→涂干性油打底→批第一遍腻子→砂纸磨光→批第二遍腻子→砂纸磨光→涂刷底层涂料→涂刷第一遍涂料→复补腻子→砂纸磨光→涂刷第二遍涂料→砂纸磨光→涂刷第三遍涂料→水砂纸磨光→直至满足设计要求→清理表面→打上光蜡、擦光。

Q276：清漆涂饰有什么具体的质量要求？

A：清漆的涂饰质量要求见下表：

项目	普通涂饰	高级涂饰
颜色	基本一致	均匀一致
木纹	棕眼刮平、木纹清楚	棕眼刮平、木纹清楚
光泽、光滑	光泽基本均匀、光滑无挡手感	光泽均匀一致、光滑
刷纹	无刷纹	无刷纹
裹棱、流坠、皱皮	明显处不允许	不允许

Q277：清油涂刷的施工要注意哪些问题？

A：清油涂刷是个技术性很强的活儿，涂刷时要按照蘸次要多、每次少蘸油、操作时勤顺刷的要求，依照先上后下、先难后易、先左后右、先里后外的顺序和横刷竖顺的操作方法施工。刷第一遍清漆时，应加入一定量的稀料稀释漆液，以便于漆膜快干。操作时顺木纹涂刷，垂直盘匀，再沿木纹方向顺直。要求涂刷漆膜均匀，不漏刷，不流不坠，待清油完全干透硬化后，用砂纸打磨。

第一遍清漆刷完后，应对饰面进行整理和修补。对漆面有明显不平处，可用颜色与漆面相同的油性腻子修补；若木材表面上节疤、黑斑与大的漆面不一致时，应配制所需颜色的油色，对其进行覆盖修色，以保证饰面无大的色差。

刷第二遍清漆时，不要加任何稀释剂，涂刷时要刷得饱满，漆膜可略厚一些，操作时要横竖方向多刷几遍，使其光亮均匀，如有流坠现象，应趁不干时用刷子马上按原刷纹方向顺平。等第二遍漆干透后，按第一遍漆的处理方法进行磨光擦净，涂刷第三遍清漆。

清油涂刷前应该将木器表面的灰尘、油污等杂质清理干净，制作家具时需要用实木收口封边，各部位必须黏结牢固后，方可用原子灰找平、喷漆

Q278：清油涂刷对环境有什么要求？

A：木器表面进行清漆涂刷时，对环境的要求较高，当环境不能达到要求的标准时，将影响工程的质量。涂刷现场要求清洁、无灰尘，在涂刷前应进行彻底清扫，涂刷时要加强空气流通，操作时地面经常泼洒清水，不得和产生灰尘的工种交叉作业。因此，涂刷清漆应在家庭装修工程的最后阶段进行。涂刷应在略微干燥的气候条件下进行，温度必须在5℃以上方能施工，以保证漆膜的干固正常，缩短施工周期，提高漆膜质量。涂刷清油的施工现场应有较好的采光照明条件，以保证调色准确、施工时不漏刷，并能及时发现漆膜的变化，便于采取解决措施。因此，在较暗的环境中，需要准备作业面的照明灯。

Q279：清油涂刷有哪些常见的质量问题？

A：清油涂刷受多种因素影响，常见的质量缺陷有流坠、刷纹、针孔、失光、皱纹、涂膜粗糙等。

流坠产生的主要原因是涂料黏度过低，油刷蘸油过多，或喷嘴口径太大，或稀释剂选用不当。在施工中涂料的黏度要稠稀合理，每遍涂刷厚度要控制。油刷蘸油时要勤蘸、每次少蘸、勤顺，特别是凹槽处及造型细微处，要及时刷平，注意施工现场的通风。修复应等待漆膜干透后进行，用细砂纸将漆膜打磨平滑后，再涂刷一遍面漆。

刷纹产生的主要原因是涂料黏度过大，涂刷时未顺木纹方向顺刷，使用油刷过小、刷毛过硬及刷毛不齐所致。施工时应选择配套的稀释剂和质量好的毛刷，涂料黏度调整适宜。修复时，用水砂纸轻轻打磨漆面，使漆面平整后再涂刷一遍面漆。

针孔产生的主要原因是涂料黏度大，施工现场温度过低，涂料有气泡，涂料中有杂质。采取措施应根据气候条件购买适用的清漆，避免在低温、大风天施工。清漆黏度不宜过大，加入稀释剂搅拌后应停一段时间再用。

失光产生的主要原因是施工时空气湿度过大，涂料未干时遇烟熏，基层处理油污不彻底。施工中应避免阴雨、严寒及潮湿环境，现场严禁烟尘，基层处理时要彻底清除油污。出现失光，可用远红外线照射，或薄涂一层加有防潮剂的涂料。

有时漆膜在干燥后，会形成局部或全部的皱纹状涂膜。出现这种现象的主要原因是：1.由于涂刷时或涂刷后，漆膜遇高温或太阳暴晒，表层干燥收缩而里层未干。2.油漆太稠，涂刷过厚或不均匀。3.在第一道涂层还没有干时就涂刷了第二道。为了避免出现"皱纹"，施工应避免在高温及日光暴晒条件下操作，根据气温变化，可适当加入稀释剂。每次漆刷得要薄，均匀适当。在确保底漆或第一道涂层已干透的情况下再涂第二道。如果已经出现皱纹，应待漆膜干透后用砂纸打磨起皱表面，去除起皱的涂层，重新涂刷。

漆膜粗糙就是漆膜表面不平，有砂粒状凸起或有小气泡。这种现象在清油涂刷中也是很常见的。造成这种现象的原因主要有：1.涂料质量不高，或调配中添加颜料过多、颗粒过大，甚至混有杂物。2.漆桶、刷子或喷枪不干净。3.调配油漆时气温低，漆面气泡没有完全散开排出。4.施工环境脏、有灰尘，风沙粘到刷子、油漆、漆膜上。5.涂刷物体的表面未清理干净。为了避免漆膜粗糙，首先，在涂料时，要选择质量好的涂料，调配中加入的颜料等要碾碎、过筛。其次，漆桶、刷子或喷枪用完后及时清理干净；用前检查，有残留物先清理干净。油漆施工前应清理施工现场，保持无灰尘、风沙的环境，并清理干净涂刷物体。如果已经出现了漆膜粗糙的问题，修复时，可用砂纸将漆膜打磨光滑，然后再涂刷一遍面层清漆。

Q280：混油涂刷常见的质量问题有哪些？

A：木器表面涂刷混油常见的质量缺陷包括流坠、刷纹、渗色、起泡、皱纹及涂膜粗糙等，其中流坠、刷纹、皱纹及涂膜粗糙等的成因及治理办法与清漆涂刷基本相同。

渗色：主要是由于木材中的染料、木脂渗透或底层颜色比面层深所致。防治的方法是在施工中，面层颜色应比底层深，木材中节疤、染料、木脂高的部位，必须用漆片封固。如果发生渗色，修复时应先打磨漆膜，然后再涂刷一遍面漆。

起泡是由于木材含水率高或木材本身含有油脂所致，特别是大芯板直接涂刷混油时容易出现。另外，施工环境温度过高、木材表层干燥而内层未干就涂刷下一遍油也是重要原因。施工中要保证木材干燥并完全除去木材中的油脂，操作时要等上一层涂层完全干燥后再涂刷下一遍。修复时应铲除气泡、清理底层，待干燥后涂刷108胶，批刮腻子，待腻子干后涂刷面层。

Q281：乳胶漆施工常见的问题有哪些？

现在墙面刷乳胶漆的家庭比较多，但问题也出现得多。我就见过一个朋友家，刚刷不久的乳胶漆，好几处地方都有些流坠下来的"水滴"，整个墙面显得不平滑、不干净，当然也就影响了装修的效果。我想了解一下乳胶漆施工有哪些常见的质量问题？

A：乳胶漆涂刷常见的质量缺陷有起泡、反碱掉粉、流坠、透底及涂层不平滑等。

乳胶漆起泡的主要原因有基层处理不当，涂层过厚，特别是大芯板做基层时容易出现起泡。防止的方法除涂料在使用前要搅拌均匀，掌握好漆液的稠度外，可在涂刷前在底腻子层上刷一遍108胶水。在返工修复时，应将起泡脱皮处清理干净，先刷108胶水后再进行修补。

反碱掉粉的主要原因是基层未干燥就潮湿施工，未刷封固底漆及涂料过稀也是重要原因。如发现反碱掉粉，应返工重涂，将已涂刷的材料清除，待基层干透后再施工。施工中必须用封固底漆先刷一遍，特别是对新墙，面漆的稠度要合适，白色墙面应稍稠些。

透底的主要原因是涂刷时涂料过稀、次数不够或材料质量差。在施工中应选择含固量高、遮盖力强的产品。如发现透底，应增加面漆的涂刷次数，以达到墙面要求的涂刷标准。

涂层不平滑的主要原因是漆液有杂质、漆液过稠、乳胶漆质量差。在施工中要使用流平性好的品牌，最后一遍面漆涂刷，漆液应过滤后使用。漆液不能过稠，发生涂层不平滑时，可用细砂纸打磨光滑后，再涂刷一遍面漆。

造成涂料起皮、脱落的原因一般是以下两种情况：一是原建筑墙体过于潮湿，施工后干燥程度不同。二是涂漆前基底清理不净。解决方法是将起皮的涂料清除，将底腻铲掉，干燥后补刮底腻，磨平后刷相同涂料。

Q282：乳胶漆渗蜡是怎么回事？

前几天我无意中发现家里卧室的一面墙上莫名其妙地"脏"了一块，仔细一看，是从乳胶漆内部渗出来的，没办法擦干净。这是什么原因造成的呢？

A：您说的这种情况叫做渗蜡，是指从底材中渗出的蜡状物形成的污染。当基材上漆以后，这种污染物就会从漆膜中渗出，它们甚至能渗透一些普通的底漆，可能造成积灰、长霉等严重问题。渗蜡形成的原因是：在涂刷面漆前，没有为底材涂上适当的底漆；或涂刷前，没有处理底材，底材污染严重。如果是内墙渗蜡，应先涂刷内墙乳胶漆专用底漆，或用多功能防水抗碱底漆，然后再根据自己的装饰要求选择优质内外墙乳胶漆，渗蜡的问题基本可以得到保证。如果是木质板材渗蜡，只要涂两道优质的乳胶漆就可以达到防渗蜡的效果。有些板材在出厂前就上过底漆，基于经济方面的原因，只需要再涂刷优质乳胶面漆就可以得到很好的效果。

Q283：乳胶漆开裂如何处理？

我原本以为毛坯房的墙面经过基层处理、上腻子，再到刷好几遍乳胶漆，就不会出现开裂的情况了，除非是房子有结构问题。但是没想到刷了乳胶漆过后，我家的墙面还是出现了裂缝。现在原来的施工队早联系不上了，我该怎么修补这些裂缝呢？

A：目前在很多的新房中，都有带有保温层的新型保温墙体。这种墙体在装修中，很容易出现乳胶漆开裂的问题。为了追求最好的装饰效果，您可以选用以下办法来弥补建筑缺陷：

1. 在将墙面基底处理干净后，先在墙面上贴上一层的确良布、牛皮纸或报纸，利用纤维的张力，来保证乳胶漆漆膜的完整。这种办法比较简单易行，但效果一般。
2. 将墙面表面的保温板去掉，或将水泥墙面除去，在保温层外面先安装一层石膏板或"五厘板"，然后在上面做乳胶漆。这种做法可以将不规则的裂纹全部去除，裂缝的地方一般就是板材之间的接缝，比较好处理。但这种办法造价较高、施工难度大。
3. 采用带有弹性的装饰材料。目前在墙面基底处理上，有一种"弹性腻子"可以在一定程度上弥补墙壁裂缝问题。但这些材料本身的"弹性"较小，在裂缝很厉害的墙面上就不起作用了。

顶面漆开裂以致脱落

Q284：想给老房子墙面乳胶漆换颜色，可以直接刷面漆吗？

我家的房子是2003年买的，当时墙面刷了乳胶漆，现在我想把墙面的乳胶漆换成别的颜色，原来的墙面基础挺好的，没有出现过别的问题，这样的情况还需要刷底漆吗？

A：如果原来墙面已经刷过乳胶漆，而且墙面基础都很好，是可以不刷底漆，直接刷面漆的。只要把墙面重新修补打磨一遍，如有乳胶漆鼓起、剥落的情况，则需要把这些地方铲去，然后把墙面上的灰尘处理干净，就可以重新刷面漆了。当然，最好是重新再上一遍底漆，这样刷出来的效果更好些。

Q285：特殊效果的涂料工程该如何施工？

我特别喜欢浮雕涂饰的效果，特别具有立体感，现在涂饰的特殊效果种类多了，石纹、木纹都能仿出来，效果不错，请问这样特殊效果的涂饰工程怎样施工？都有哪些具体步骤？

A：仿木纹、石纹涂饰施工程序：基层处理→批第一遍腻子→砂纸磨光→批第二遍腻子→砂纸磨光→刷第一遍调和漆→干透后砂纸磨光→刷第二遍调和漆底色→刷水色画木纹或石纹（或画线→挂丝棉→喷色浆）→刷醇酸清漆。

浮雕涂饰施工程序：清理基层→局部批腻子→砂纸打磨→批第一遍腻子→砂纸磨光→批第二遍腻子、砂纸磨光→涂刷两遍固底漆→砂纸磨光→喷涂中层涂料→辊压→喷涂或辊涂第一遍面层涂料→整理、喷涂或辊涂第二遍面层涂料→直至满足设计要求。

金属饰面漆施工程序：除锈、除油→刷防锈漆→局部刮腻子→砂纸磨光→批第一遍腻子→砂纸磨光→批第二遍腻子→砂纸磨光→刷第一遍涂料→复补腻子→砂纸磨光→刷第二遍涂料→砂纸磨光→刷第三遍涂料→水砂纸磨光→直至满足设计要求→打上光蜡、擦光。

Q286：要想保证上漆的效果，需要注意哪些问题？

油工活儿是名副其实的"面子工程"，上漆的质量直接影响着装修效果，所以我不惜成本选择了质量可靠又环保的油漆，那么在施工的时候应该注意些什么才能保证上漆的完美效果呢？

A：为了能够获得令人满意的油漆效果，消费者在油漆工程中要对各个工序及质量进行跟踪检验，这就需要把握以下几点：

1. 选择在良好的天气条件下施工，在下雨或有雾的天气，甚至表面凝结有露滴时，最好停止施工。
2. 施工前，油漆应在常温条件下储存，否则气温过高时，油漆中的成分可能互相反应，使油漆变稠，影响施工效果。在使用前和施工中，也必须充分搅拌、调和，直到油漆完全均匀为止。

3. 涂刷油漆时应当以缓慢、均匀的速度，上下左右刷涂或辊涂，尤其要注意处理好粗糙的表面、铆钉头、边角等处。如果采用喷涂的办法，由于喷枪压力较高，操作时要注意安全。
4. 涂漆工具使用后应当清洗干净，特别对于快干性油漆，应立刻洗净；使用普通油漆继续施工前，漆刷或辊筒可浸在水中，但注意不要使刷毛弯曲；在使用喷涂工具时，用完注意将喷嘴洗净。

Q287：油工验收需要达到什么标准？

A：油工验收需要达到以下标准：
1. 对于乳胶漆施工，应保证，除墙体本身的原因外，墙面的阴阳角要直；站在墙侧面观察，表面无凹凸不平、透底掉粉、起皮等现象，刷纹通顺、手感平滑，观感平顺无色差。
2. 对于木器漆施工，应保证家具表面没有漏刷、脱皮、流坠、皱皮等质量缺陷，木纹清晰，棕眼刮平，颜色一致，无刷纹；手触摸检查表面光滑平整，无挡手感，漆膜光泽柔和。同木器相邻的五金件、玻璃、墙壁及地面无漆迹。
3. 对于裱糊工程（即贴绷带），则要求粘贴牢固，表面色泽一致平整，无波纹起伏，侧视无胶痕。不得有气泡、空鼓、裂痕、翘边、皱折和污痕等。

Q288：如何保持木材含水率正常？

都说木材的含水率非常重要，我家的装修是在夏季，而且南方多雨、气候潮湿，如果不采取措施的话，板材肯定会存在变形的情况，我该怎么做才能让板子的含水率保持在正常范围内呢？

A：要想保持木材正常的含水率，需要注意以下几点：
1. 所有木材要放置几天。消费者在把装修用的木材买回家后，最好在装修现场放置几天再使用。这样做的目的，是让木材的含水率接近屋内的水平。
2. 多使用人造板材。由于实木材料都有纹理，所以在温度、湿度变化较大的时候，必然会出现开裂、翘曲和变形的现象。而人造板的制造方法是将木材分解成木片或木浆，再重新制作成板材。因为打破了木材原有的物理结构，所以在温、湿度变化较大的时候，人造板的变形要比实木小得多。
3. 进料时要选晴好天气。如雨天确需进板材，应用薄膜覆盖，防止板材被淋湿。材料进工地之后，不要存放在厨、卫、阳台等比较潮湿的地方。
4. 安装后涂刷保护油漆。所有木制品在安装后，要马上涂刷一遍油漆。这层被称为"罩面漆"的油漆，不仅可以保护木制品，而且还能起到隔绝水分、保持木材正常含水率的作用。

Q289：木制品施工如何防虫？

木材中的蛀虫是最烦人的了，如果不处理干净，以后真是后患无穷，但是家庭装修中又难免会用到木制品，在施工的时候，有没有什么管用的办法能够把这些蛀虫都杀死，防止它们在家中生存繁衍？

A：凡在用到木材的地方，都要留心防虫，首先施工中用到的木龙骨必须要削掉树皮，因为木龙骨是实木，怕树皮上寄生虫子，日后不断繁衍；削掉树皮之后，还要涂上防虫剂。木制踢脚线、木制墙裙要涂上防虫剂，再刷油漆。另外施工中不要采用容易生虫的木材。

木方上有树皮，要是木头里面有虫卵，说不好日后你就会听到木框里有小虫在吃木头

Q290：木工活儿需要达到怎样的验收标准？

木工活儿挺杂的，不管是施工还是验收都需要细致，施工是我全程监督的，在验收方面，我应该主要检查哪些方面？合格的木工活儿应该达到怎样的验收标准呢？

A：木工活儿应该达到的验收标准是：

1. 细木制品与基层必须镶钉牢固、无松动。衬板与面板必须黏结牢固，不得出现起层、起鼓现象。
2. 面板在平面连接处刨平，花纹颜色要相近，并且接缝要一致，平直、光滑、通顺，表面纹理相似，木纹根部向下、对称且颜色一致。而且，饰面板在边角处拼接时要对角拼接。
3. 台板和窗帘盒与基体连接牢固，表面平整、棱角方正，其两侧伸出窗洞以外的长度要一致，同一房间的窗台板或窗帘盒标高一致。
4. 木护墙表面应平整光洁、棱角方正、线条顺直、颜色一致，不得出现裂缝开胶现象，与踢脚板连接无缝隙。
5. 踢脚板应平直、光洁、接缝严密、出墙厚度一致。
6. 顶角线、挂镜线、腰线等装饰线顺直均匀一致，紧贴墙面，交圈收口正确，木装饰线在平面拼接处应刨平，花纹颜色相似，并且接缝要一致，对接时宜采用45度角加胶坡接，接头处不得有错缝、离缝现象。
7. 吊柜、壁柜安装应牢固，柜门开启灵活、轻便，没有异声。固定的柜体接墙部一般应没有缝隙。
8. 柜门把手、锁具安装位置应正确，开启正常。

二十二、验收与污染检测

Q291：目前明确的室内环境标准有哪些？

我家刚做完装修，为了放心，我打算请一家专业的环境检测公司对室内空气质量进行检测。现在的业主都对家庭装修的环保性特别关注，我想知道国家在这方面有哪些明确的标准？

A：目前我国已经明确的室内环境标准包括：

污染物名称	一类建筑工程	二类建筑工程	备注
甲醛	≤ 0.08mg/m³	≤ 0.12mg/m³	1小时均值
苯	≤ 0.09mg/m³	≤ 0.09mg/m³	1小时均值
氨	≤ 0.20mg/m³	≤ 0.50mg/m³	1小时均值
氡	≤ 200Bq/m³	≤ 400Bq/m³	年平均值
总挥发性有机物（TVOC）	≤ 0.5mg/m³	≤ 0.6mg/m³	8小时均值
可吸入颗粒物	≤ 0.15mg/m³	≤ 0.15mg/m³	24小时均值
细菌总数	≤ 4000cfu/m³	≤ 4000cfu/m³	根据仪器定

注：一类建筑工程包括住宅、医院、老年公寓、幼儿园、学校教室等。
二类建筑工程包括办公楼、旅店、文化娱乐场所、书店、展览馆、图书馆、体育馆、公共交通场所、餐厅、理发店等。

Q292：家庭装修的验收有哪些程序？

现在的家庭装修都需要分阶段验收，虽然麻烦点，但是能有效保证质量，请问一般来说家庭装修的验收分为哪几步呢？各有哪些验收重点？分别在什么时间进行比较合适？

A：家装分阶段验收能够维护消费者的合法权益，保障消费者今后的幸福生活，因此，施工时一定要细致谨慎分阶段验收，更好地掌握新居室工程的质量。
1. 水电路的验收。消费者要在专业水工或电工的操作下检查所有的改造线路是否通畅、布局是否合理、操作是否规范，并重新确认线路改造的实际尺寸。
2. 中期综合验收。这次验收要在木工基础做完之后，此时房间内的吊顶和石膏线也都应该施工完毕，厨房和卫生间的墙面砖也已贴好，同时需要粉刷的墙面应刮完两遍腻子。此时消费者应该仔细核对图纸，确认各部位的尺寸，如发现不符的地方，要及时提示施工队修改。
3. 木工活验收。木工活验收基本处于工期过半的时候，这个阶段的检查要偏重于木制品的色差和纹理，以及大面积的平整度和缝隙是否均匀。
4. 油工活验收。木制品完工后，油工就可以开始进行底漆处理工作，同时所有地砖也应该在这个阶段内贴完。
5. 完工验收。完工验收的内容是最全面而彻底的。消费者要检查踢脚板、洁具和五金的安装情况，木制品的面漆是否到位，墙面、顶面的涂料是否均匀，电工安装好的面板及灯具位置是否合适，线路连接是否正确等。

Q293：工程验收时哪些人应该到场？

好不容易，我家的装修已经接近尾声了，即将到最后的验收阶段。但是我对验收的程序和要求心里一点底都没有。所以现在想问一下，工程质量验收由谁负责组织，到底哪些人是应该要参加的呢？

A：
1. 分项工程（按照不同的施工方法、不同的材料、不同的规格划分的工程。如砖石工程可分为砖砌体、毛石砌体两类，其中砖砌体可按部位不同分为内墙、外墙、女儿墙。分项工程是计算工、料及资金消耗的最基本的构造要素）应由监理工程师组织施工单位项目专业质量负责人进行验收。
2. 分部工程（按照工程部位、设备种类和型号、使用材料的不同划分的工程，如基础工程、砖石工程、混凝土及钢筋混凝土工程、装修工程、屋面工程等）应由总监理工程师组织施工单位项目负责人和技术、质量负责人进行验收，地基与基础、主体结构分部工程的勘察、设计单位工程项目负责人和施工单位技术、质量部门负责人应参加验收。
3. 工程完工后，施工单位应自行组织有关人员进行检查评定，并向业主提交工程验收报告。参加装修竣工验收的应有装饰公司领导、施工队长、住宅装饰业主和监理人员。

Q294：装修污染具体有哪些危害？

A：装修污染物的释放长达3~15年，它们的危害包括：
1. 造成人体免疫功能异常、肝损伤、肺损伤及神经中枢受到影响。
2. 对眼、鼻、喉、上呼吸道和皮肤造成伤害。
3. 对人体健康造成伤害，降低寿命。
4. 严重的可引发癌症、胎儿畸形、妇女不孕症等。
5. 对小孩的正常生长发育影响很大，可导致白血病、记忆力下降、生长迟缓等。

6. 对女性容颜肌肤的侵害，更是不在话下。由于甲醛对皮肤黏膜有强烈的刺激作用，接触后会出现皮肤变皱、汗液分泌减少等症状。汗液分泌减少会阻碍毛孔内脏物排出和人体正常的新陈代谢。

Q295：在验收过程中如果工程质量不符合要求应该怎么办？

A：
1. 经返工重做或者更换器具、设备的，应重新进行验收；
2. 经有资质的检测单位检测鉴定能够达到设计要求的，应予验收；
3. 经有资质的检测单位检测鉴定达不到设计要求，但经原设计单位核算认可能够满足结构安全和使用功能的，可予以验收；
4. 经返修或者加固处理的分项、分部工程，虽然改变外形尺寸但仍能满足安全使用要求，可按技术处理方案和协商文件进行验收；
5. 通过返修或者加固处理仍不能满足安全使用要求的分部工程、单位（子单位）工程，严禁验收。

Q296：委托监理公司进行现场验收如何收费？

我家的装修已经接近尾声了，我想请一个监理公司帮忙进行现场验收，因为自己毕竟不是这方面的行家，验收时没办法把关。整个的装修过程都是我自己在监督，为了这个装修花费了很多时间，我最多隔一两天就要去工地看看，应该不会有大问题，但是，为了以防万一，我还是想请个行家，免得以后出现质量纠纷，会更麻烦，请问监理公司帮忙进行现场验收是怎样收费的呢？

A：就北京的标准来说，装修业主委托监理公司对装修现场进行竣工验收的，根据户型大小和难易程度每户收费 600 元起；受装修业主委托，监理公司进行现场质量勘查，并出具现场勘查报告每户收取 2000 元勘察费用，需要出具法律证据的按装饰总造价的 10% 起收取。

Q297：发现室内有害物质超标应该如何补救？

尽管我选择了正规的公司来做装修，但最后经空气质量检测，我家的甲醛还是超标了。这件事让我非常气愤，当初没能留个心眼，在工程结束的时候已经将全款付给了装修公司，现在到解决问题的时候，却一拖再拖，推卸责任。在愤怒的同时，我也希望能通过自己的努力尽快补救，好早日结束纠纷，安全搬进新家。有没有什么好的办法可以清除室内的有害物质呢？

A：经过检测，弄清室内污染气体种类后，可根据不同的污染气体采取不同的治理方法。最简单的补救方法是在专业人员指导下把室内超标严重的装修材料拆掉一部分，让房间通风一段时间后再入住。如果舍不得拆掉，还有一种方法，就是在室内喷一种光触媒的光催化剂。这种光催化剂吸收紫外线后，可氧化分解有害气体。该催化剂为速干型，喷后不溶于水。而用来催化的紫外线则来自太阳光、荧光灯中的日常光，不必另外照明。

Q298：空气检测不达标算装修公司违约吗？

经专业的环境检测公司测定，我家新装修过后，空气质量达不到合同约定的要求。虽然超标的部分不太多，但还是给我们全家造成了不小的心理恐慌，到现在都不敢入住新家。请问像我家的这种情况，装修公司算是违约吗？我们可以要求理赔吗？

A：应该肯定的是，装修公司未达到合同约定的室内空气标准，应当承担违约责任。如果消费者与装修公司协商不成，可以违约为由，要求对方继续履行合同，返工、治理或赔偿因违约造成的损失。根据中华人民共和国建设部第110号令《住宅室内装饰装修管理办法》第29条规定，装修人委托企业对住宅室内进行装饰装修工程竣工后，空气质量应当符合国家有关标准。装修人可委托有资质的检测单位对空气质量进行检测。检测不合格的，装饰装修企业应当返工，并由责任人承担相应的损失。

Q299：装修后没有刺激性气味就说明没有污染吗？

我家刚装修完房子，没有闻到太大的刺激性气味。听说如果污染严重的话，肯定是有很大的味道的，那我家这样的情况是不是就说明不存在污染的问题呢？我还需要花钱作空气质量检测吗？

A：没有刺激性气味并不意味着没有污染，实际上，在造成室内环境污染的几大有害物质中，除甲醛、氨等有强烈的刺鼻气味，人容易感觉外，像氡这种放射性物质，人是不易察觉的，但它对人的伤害却很大。氡存在于建筑水泥、矿渣砖和装饰石材及土壤中，它对人体的主要危害是导致肺癌，因此，即使没有刺激性气味也应当作好空气质量监测，将危险降低到最小。

Q300：怎样作装修污染检测？

虽然装修的过程中十分注意，但我还是想作一个污染检测，看看室内的空气质量究竟怎么样。我家有老有小，一定要严把环保关。这个装修污染检测是怎么做？大概多长时间能够知道结果？

A：目前，装修污染检测主要是对上面提到的甲醛、苯、氡、氨等的检测。
消费者如果打算进行装修污染检测，可以依照以下的步骤进行：
1. 选择合格的装修污染检测公司
消费者需要注意，承担民用建筑工程（新建、改建、扩建工程）竣工验收室内空气质量检测的机构，应具备GB 50325《民用建筑工程室内环境污染控制规范》标准的全部

计量认证合格证书　　　　　　　工程质量检测单位资质证书

5个参数的检测能力，须经地方质量技术监督局计量认证考核合格；同时要获得本地区建设委员会的备案。

2．确定"检测点"

如以房间大小为标准，若房间使用面积小于50m²时，可设一个检测点；房间使用面积50～100m²时，可设两个检测点；房间使用面积100～500m²时，可设三个检测点。

但是具体做的时候，建议大家不要严格执行所有的标准，每一个屋子都去测，比如你有卧室、主卧、侧卧、儿童房，如果每一项都测，费用是很高的，尤其是别墅等就更不用说了。消费者应当本着合理选择、科学消费的原则，选其中一个房间，根据所使用的装修材料的不同，选择适当的检测指标，合理地把费用降下来。一般情况下，就是选卧室或者选儿童房，卧室、客厅可能测两三个指标，然后厨房再测两三个指标，因为材料不同，费用也不一样，没必要5个房间五项全测，这样可能需要花费大笔资金。

3．做好检测前的准备工作

空气检测的第一个条件是应在装修后7天才允许检测。7天是为了保护施工者的利益，因为材料本身在装修完会有一个快速释放期，快速释放期过了以后，一般进入一个相对平稳的阶段，然后开始检测，对每一个检测项目会有不同的检测条件，例如关闭门窗1小时以上或者24小时以上的，都有差别，并且在关闭门窗之前还有一个充分的通风，就是把原来那些累积的坏气体都释放掉，不然长期累积会造成数据增高。

检测点数为1或2时，需关闭对外的门窗；如需各房间单独测量，则应关闭各房间门窗，以形成相对独立的环境。

此外，对采用集中空调的居室，应在空调正常运转的条件下进行；对采用自然通风的居室，检测应在外门窗关闭1小时后立即进行；氡浓度检测时，应在外门窗关闭24小时后进行。

4. 等待检验报告

检测员到家里把现场样品采集回去，并可在现场时间内就检测点数，每一个采样点最少检测 30 分钟到一两个小时，然后把检测数据带回到实验室作分析。业主在一星期后可拿到检测报告。

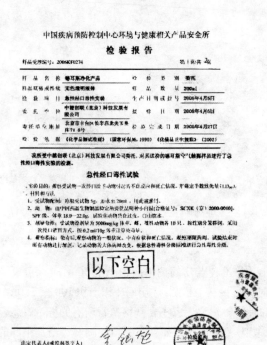

装修污染检测报告